首饰艺术
设计与制作

刘　骁　编著

中国轻工业出版社

图书在版编目（CIP）数据

首饰艺术设计与制作 / 刘骁编著. —北京：中国轻工业出版社，2022.11

ISBN 978-7-5184-2612-6

Ⅰ. ①首… Ⅱ. ①刘… Ⅲ. ①首饰—设计 ②首饰—制作 Ⅳ. ①TS934.3

中国版本图书馆CIP数据核字（2019）第178831号

责任编辑：毛旭林　　　责任终审：劳国强　　　整体设计：锋尚设计
策划编辑：毛旭林　　　责任校对：吴大朋　　　责任监印：张　可

出版发行：中国轻工业出版社（北京东长安街6号，邮编：100740）

印　　刷：艺堂印刷（天津）有限公司

经　　销：各地新华书店

版　　次：2022年11月第1版第2次印刷

开　　本：870×1140　1/16　印张：8.25

字　　数：150千字

书　　号：ISBN 978-7-5184-2612-6　定价：58.00元

邮购电话：010-65241695

发行电话：010-85119835　传真：85113293

网　　址：http://www.chlip.com.cn

Email：club@chlip.com.cn

如发现图书残缺请与我社邮购联系调换

221488J2C102ZBW

序一

PROLOG 1

　　中国的艺术设计教育起步于 20 世纪 50 年代，改革开放以后，特别是 90 年代进入一个高速发展的阶段。由于学科历史短，基础弱，艺术设计的教学方法与课程体系受苏联美术教育模式与欧美国家 20 世纪初形成的课程模式影响，呈现专业划分过细，实践教学比重过低的状态，在培养学生的综合能力、实践能力、创新能力等方面出现较多问题。

　　随着经济和文化的大发展，社会对于艺术设计专业人才的需求量越来越大，市场对艺术设计人才教育质量的要求也越来越高。为了应对这种变化，教育部将"艺术设计"由原来的二级学科调整为"设计学"一级学科，既体现了对设计教育的重视，也是进一步促进设计教育紧密服务于国民经济发展的必要。因此，教育部高等学校设计学类专业教学指导委员会也在这方面做了很多工作，其中重要的一项就是支持教材建设工作。

　　2016 年是"十三五"的开局之年，在教育部全面启动普通本科院校向应用型本科院校转型工作的大背景下，由设计学类专业教指委副主任林家阳教授任总主编的这套教材，在强调应用型教育教学模式、开展实践和创新教学、整合专业教学资源、创新人才培养模式等方面做了大量的研究和探索；一改传统的"重学轻术""重理论轻应用"的教材编写模式，以"学术兼顾""理论为基础、应用为根本"为编写原则，从高等教育适应和服务经济新常态，助力创新创业、产业转型和国家一系列重大经济战略实施的角度和高度来拟定选题、创新体例、审定内容，可以说是近年来高等院校艺术设计专业教材建设的力作。

　　设计是一门实用艺术，检验设计教育的标准是培养出来的艺术设计专业人才是否既具备深厚的艺术造诣、实践能力，同时又有优秀的艺术创造力和想象力，这也正是本套教材出版的目的。我相信在应用型本科院校的转型过程中，本套教材能对学生奠定学科基础知识、确立专业发展方向、树立专业价值观念、提升专业实践能力产生有益的引导和切实的借鉴，帮助他们在以后的专业道路上走得更长远，为中国未来的设计教育和设计专业的发展提供新的助力。

教育部高等学校
设计学类专业教学指导委员会原主任
中国艺术研究院 教授 / 博导 谭平

序二
PROLOG 2

办学，能否培养出有用的设计人才，能否为社会输送优秀的设计人才，取决于三个方面的因素：首先是要有先进、开放、创新的办学理念和办学思想；其二是要有一批具有崇高志向、远大理想和坚实的知识基础，并兼具毅力和决心的学子；最重要的是我们要有一大批实践经验丰富、专业阅历深厚、理论和实践并举、富有责任心的教师，只有老师有用，才能培养有用的学生。

除了以上三个因素之外，还有一点也非常关键，不可忽略的，我们还要有连接师生、连接教学的纽带 —— 兼具知识性和实践性的课程教材。课程是学生获取知识能力的宝库，而教材既是课程教学的"魔杖"，也是理论和实践教学的"词典"。"魔杖"通过得当的方法传授知识，让获得知识的学生产生无穷的智慧，使学生成为文化创意产业的有生力量。这就要求教材本身具有创新意识。本套教材从设计理论、设计基础、视觉设计、产品设计、环境艺术、工艺美术、数字媒体和动画设计等八个方面设置的 50 本系列教材，在遵循各自专业教学规律的基础上做了不同程度的探索和创新。我们也希望在有限的纸质媒体基础上做好知识的扩充和延伸，通过本套教材中的案例欣赏、参考书目和网站资料等，起到一部专业设计"词典"的作用。

我们约请了国内外大师级的学者顾问团队、国内具有影响力的学术专家团队和国内具有代表性的各类院校领导和骨干教师组成的编委团队。他们中有很多人已经为本系列教材的诞生提出了很多具有建设性的意见，并给予了很多有益的指导。我相信以我们所具有的国际化教育视野以及我们对中国设计教育的责任感，能让我们充分运用这一套一流的教材，为培养中国未来的设计师奠定良好的基础。

教育部高等学校
设计学类专业教学指导委员会副主任
同济大学教授 / 博导 林家阳

前言
FOREWORD

从 20 世纪 80 年代初我国黄金首饰开始允许在社会大众层面销售，到 90 年代人们对珠宝首饰的消费能力逐渐提升，经济的快速发展和人民生活水平的提高不断激发国民对珠宝首饰消费的热情，人们对珠宝首饰的消费不仅为了保值与收藏，对饰品的审美、情感与精神需求也日益提升。

随着首饰设计与创作的内涵与外延不断深化和扩大，首饰的类型与市场也越来越细分与精准，从高级珠宝、时尚配饰、智能首饰，到更加个人化、观念化的艺术首饰，甚至还出现了以"首饰"为话题的纯艺术实践，与当代艺术领域产生交叉与重叠。同时，近些年新的商业与营销模式不断涌现，从线下的传统品牌连锁店、买手店、pop-up store（"快闪店"）、创意市集、首饰艺术廊，到线上的网店、众筹、直播、社群营销等，不同类型的首饰产品与作品对应着不同商业与艺术环境。

在如此的时代语境下，对首饰设计师能力与素质的要求越来越全面和综合：不仅具备设计和制作某件具体产品的能力，同时也具有创新性、整体性的思维与系统性的工作方法，以适应不同商业、消费及体验情境的受众需求。而从首饰艺术创作的角度来说，艺术家则更应有深入的感受力和独特的艺术表达能力，并从更广阔的文化、社会、经济等方面来考察首饰的概念，让作品具有更深刻的人文关怀和更有价值的社会反思。

本书即在此语境和需求下应运而生的一本基础性教材，其内容勾勒出一个以首饰相关工艺为基础、艺术与设计思维为导向、在商业和艺术的语境下的首饰设计与创作方法为路径的教学框架。

全书分三个部分，第一部分阐释当代首饰的基本概念和主要特征，梳理和分析当代首饰是如何从传统的珠宝首饰概念中"裂变"出来的，并且从材料、审美、意义等角度介绍当代首设计的若干要素以及当代首饰设计创作所关联的工业化生产方式、传统手工艺技能，对综合的创作设计手段进行整合和梳理，使其都成为当代首饰设计的工具与途径。

第二部分由基础练习、主题创作和设计实践三部分组成，循序渐进地开展首饰的设计实践。通过一系列基础练习来训练设计与艺术相关的创意性思维，练习中关联着艺术理论及文本理论等跨学科原理的运用；主题创作从艺术研究的角度引导学生从如何确定研究范畴、找出研究问题、确定研究目标、拟定研究方法等角度初步培养研究性思维；设计实践则是从设计策略的角度引导学生建立设计项目，在商业语境下让自己的设计项目与目标受众互动。

第三部分是对当代首饰作品的赏析，分成作为商业产品的首饰设计、作为艺术表达的首饰作品和以首饰为话题的艺术实验三部分，从不同的角度分析当代首饰艺术与设计的工作方法和策略，探讨如何根据不同语境与定位输出相应的设计产品和艺术作品。

本书以传统的首饰概念内涵为本体，以多学科的理论与知识为外延，不仅将首饰设计作为专业技能的训练，更将其视为综合创新能力的训练手段和工作方法，培养学生的审美能力、思辨能力和综合实践能力，将为专业教学和实践提供有益的参考和借鉴。

刘骁

课时安排

建议课时80

章　节	课　程　内　容		课　时	
第一章 首饰概述	第一节　首饰的概念及其流变	1. 首饰的内涵与外延 2. 当代首饰艺术的源流与发展 3. 当代首饰的特征	1	5
	第二节　当代首饰设计基本要素	1. 材料与工艺 2. 造型与色泽 3. 功能与装饰 4. 意义与观念	2	
	第三节　当代首饰设计基本技能	1. 首饰制作与生产 2. 软件技能 3. 手绘技能 4. 综合媒介运用	2	
第二章 当代首饰设计实训	第一节　基础练习	1. 课程简介 2. 作品与案例 3. 实践步骤 4. 知识点	22	70
	第二节　主题创作	1. 课程简介 2. 设计案例 3. 实践步骤 4. 知识点	24	
	第三节　设计实践	1. 课程简介 2. 设计案例 3. 实践步骤 4. 知识点	24	

章 节	课 程 内 容		课 时	
第三章 当代首饰赏析	第一节 作为商业产品的首饰设计	1. 时尚配搭类首饰	1	5
		2. 贵重材质类首饰		
		3. 智能科技类首饰		
	第二节 作为艺术表达的首饰作品	1. 个体的情感与哲思的媒介	2	
		2. 社会与自然的一面镜子		
		3. 与传统的对话		
		4. 对未来的自由畅想		
	第三节 以首饰为话题的艺术实验	1. 对首饰佩戴属性的思辨	2	
		2. 对首饰象征属性的反思		
		3. 对首饰制作属性的重新审视		
		4. 从首饰到身体的实验		

目录
CONTENTS

首饰概述

第一节 首饰的概念及其流变

1. 首饰的内涵与外延

（1）传统中的首饰

作为首饰最早的形态，人类将骨、贝、石、牙等物件装饰在头部
以及其他身体部位上（图1-1-1、2），用作护身、区别身份、吸
引异性、显示战功等，和劙痕、纹身、穿孔（穿鼻、穿耳、穿
唇）、画身（原始部族用颜色涂抹脸部和身体）等装饰手段一样，
具有宗教意义和社会意义，只有很少数是纯粹为了审美意趣的。
例如劙痕，在一些部族是进入成年的仪式，是拥有护身能力的象
征，人们认为能忍耐形成劙痕的痛苦的人必然不再惧怕敌人；劙
痕也被用来证明人的部族关系，是身份的象征（图1-1-3）；画
身，一方面是为了美观，也代表进行特定社会活动的符号或是进
入成人社会的仪式，例如澳洲某些部落用红色涂身表示进入生命
或者退出生命，有些画身图案模仿兽类或是呈现出古怪的样子，
以期引起敌人的恐惧心理（图1-1-4至图1-1-6）。和劙痕、画
身一样，这些佩戴在身体上的物件除了装扮身体，也是为了体现

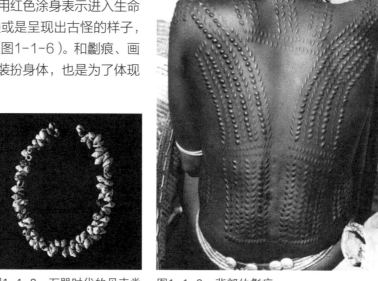

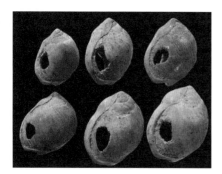

图1-1-1　75000年前人类流行的饰品　南非出土

图1-1-2　石器时代的贝壳类项链　意大利出土

图1-1-3　背部的劙痕

图1-1-4　部落民族的画身

图1-1-5　原始部落的画身与装饰

图1-1-6　非洲Suri、Mursi等部落的传统装饰：唇盘

图1-1-7　拜占庭帝国时期的首饰　　图1-1-8　拜占庭帝国的黄金　　图1-1-9　罗马奥托王朝的
　　　　　　　　　　　　　　　　　珍珠耳饰　　　　　　　　　　　皇冠

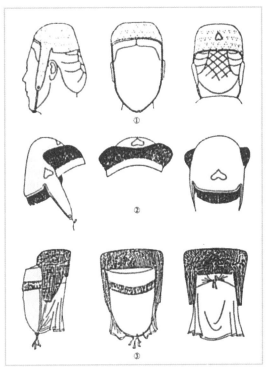

图1-1-10　荷尔拜因画的英王亨利肖像　　图1-1-11　中国汉代男子首服：冠一般有系带，
　　　　　　　　　　　　　　　　　　　　可以连同帻一起在下颌系住

身份和地位的差别。再如，印度的安达曼岛上男人簇发，他们将头发末端结上兔子尾巴、金属扣以及其他饰物，而女性只有两绺从头顶到颈部的头发，其他地方剃光，是妇女处于从属地位的象征。

古罗马时代的查士丁尼一世在公元529年颁布的《民法大全》中规定，最贵重的材料只能在君士坦丁堡皇宫贵族专属的珠宝匠工坊中使用（图1-1-7至图1-1-9）。14世纪的英格兰国王爱德华三世在1363年颁布禁令，禁止下层家庭如技工和农民家庭佩戴金银首饰，德国著名画家汉斯·荷尔拜因画的英王亨利八世，画面中的英王被大量的珠宝装饰着。这些例子都证明首饰自古以来都由稀有贵重的材料制成，是贵族阶层的特权体现（图1-1-10）。

中文的"首饰"一词最早是专指男子首服，通过装饰来显示身份地位的高低，例如秦代武将的首饰定为绛帻（红色的头巾），以表贵贱（《后汉书·舆服志》）（图1-1-11），女性的装饰仅指钗簪一类，后来首饰一词才逐渐指女性的装饰物。中国古代的金银首饰较少，春秋战国到两汉时期才开始普遍，狭义的首饰主要指女性用于头部挽发及装饰所用如簪、笄、钗、步摇、华盛、耳珰等，后来逐渐也包括腕钏、项链、戒指等。明代金银首饰的华贵精致发展到极致，清代则转向以穿珠点翠为主要特色（图1-1-12至图1-1-14）。

到了近现代，佩戴珠宝日益成为女性的普遍风尚：以贵重的珠宝显示其个人或家庭的财富与权力（一些社会学家也以此解释时尚最初的起源）。法国小说家埃米尔·左拉的小说《娜娜》中将宝石描绘成有着唤醒人类邪恶的能力，这也成为19世纪末新艺术运动时期珠宝的设计主题之一，通过各种光亮的彩色宝石、黄金来表现这种邪恶的诱惑（图1-1-15、图1-1-16）。

随着工业革命材料技术的发展和新兴市民阶层的崛起，制作首饰的材料也受到非常明显的影响，它不再仅由贵重宝石或金属制成，也可以是普通的合金、廉价的玻璃和塑料等制成，模仿钻石、珍珠、黄金等贵重材料的视觉效果。首饰不再只有彰显荣耀的功能，而是以其所模仿材质的审美品质，变得大众和日常，衍生出我们今天常说的时尚配饰（图1-1-17）。它的定义被拓展，造就了首饰属性的解放，成为了一个自由的物件。当代首饰是多种形式、多种材质的，有着多种的使用方式，不再局限于凸显贵重这一标准，也不局限于神圣庄严的场合这样单一的用途，用罗兰·巴特的话说：首饰变得民主了。

如此，从史前时期的身体装饰到封建时期的贵重珠宝，再到工业革命后新的社会阶层的崛起和材料革新而产生的日常配饰，它们承载的所有内涵构成了我们对"首饰"这一概念的理解。

（2）当代语境下首饰的概念与边界
自从当代首饰艺术发生和兴起以来的半个多世纪里，不论哪个国家和地区，首饰艺术家都在力图对他们的身份和工作进行塑造和界定：一方面从创作方法和视角

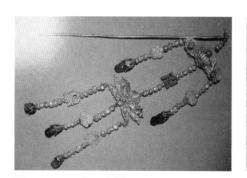

图1-1-12 唐 步摇

图1-1-13 明 定陵出土 银钗

图1-1-14 清 簪

图1-1-15 19世纪欧洲灵蛇珠宝

图1-1-16 新艺术运动时期的珠宝

图1-1-17 当代巴黎跳蚤市场上的配饰

极力让自身远离传统首饰的概念而成为当代艺术创作队伍中的一员；另一方面，首饰艺术家力图从实践领域和对象的角度跟商业珠宝、时尚配饰、舞台服饰等传统首饰类别划清界限。也为自己定义了不同的名称如Art Jewellery, Contemporary Jewellery, Research Jewellery, Author's Jewellery, Studio jewellery，实际上都是为了将自己的工作与传统意义上的首饰区分开。

在全球化的时代背景下，当代首饰有着无限的可能。正如荷兰首饰艺术家Gijs Bakker所说，首饰是人类行为的一个侧面，不应被孤立割裂的看待；艺术理论家Liesbeth Den Besten认为，在当今的艺术学校，首饰专业应该被独立地设置，不仅作为设计和生产服务的教学单位，更应作为特殊的哲学思辨工具。艺术的现代性和后现代性特征在当代首饰的思潮中并置和糅杂。一方面从工艺和材料上不断拓展和尝试，寻找新的视觉语言和样式，建立自己的艺术风格，由此形成了视觉面貌多样的首饰作品；另一方面，一些创作者乐此不疲地运用当代艺术的视角和方法，以跨学科的方式如社会学研究、人类学研究、视觉文化、性别理论等文化研究的方法进行艺术实践，形成了与首饰有关的观念艺术作品。总之，各种路径都在寻求首饰边界的拓展和模糊。

当代首饰发展到今天早已超越"首饰"原有的概念，是一种流动的阐释解构，它依据其所提出或试图提出的问题来获得界定。超越传统的学院学科限制而与人们的日常生活结合起来，并投射出后现代语境下的历史、文化、社会和经济，它是一种看待事情的方法，是反思的工具和产生意义的地方。（图1-1-18、图1-1-19）

2. 当代首饰艺术的源流与发展

当代首饰艺术大约开始于20世纪40年代，在荷兰、英国、德国、奥地利等地，不过半个多世纪的历史，在其他地区则更短，甚至在很多地区，这一概念还是非常模糊的。20世纪60年代，世界发生巨变，无论是劳工、妇女还是学生，都要求有更多的自治权，对"解放"的诉求更加强烈。艺术的发展也不是孤立于时代的，这一时期的艺术，都要求有自治性，要求艺术有完整性、观念性和艺术视野。当代首饰便代表了这一时期的特征，更多地体现出人们对解放、权利的追求。可以说，当代首饰艺术是那个特定时代的产物，广泛而深刻地代表了那个时代的特征。

（1）主体性萌芽的首饰艺术

从首饰开始被冠以"艺术"一词以来，对其艺术性的强调，实际上是对创作者主体性的强调，创作者对材料的审美和精神诉求，以首饰为媒介和手段进行自由的表达，强调作者意识以及作品和作者本人的艺术个性、风格、品味、修养等。对主体性的强调从历史上可以找到原因，当代首饰艺术兴起的20世纪六七十年代的欧洲，第一批被称为首饰艺术家的创作者大都出生于"二战"前后，"二战"后百废待兴，而且女性受教育机会增多，艺术家除了受传统的金匠训练，有更多机会接受有关艺术设计的教育，并且受到抽象艺术、极简主义、观念艺术等现代性思潮的影响，坚信任何事物是可以被改变并且应当被改变的。这些以工艺训练为基础的首饰创作者从形式、材料、观念上都有相应的探索，区别于过去匠人劳作都是隐姓埋名的

图1-1-18 Ted Noten作品摆件 1999年　　图1-1-19 Ted Noten作品"喷气式公主"吊坠 1995年

图1-1-20 Hermann Junger
作品 胸针 1955年

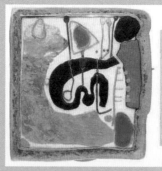
图1-1-21 Hermann Junger作品
胸针 1967年

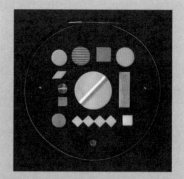
图1-1-22 Hermann Junger
作品《装有12个部分的盒子》
吊坠 1979年

图1-1-23 gerd rothman作品 头饰
1976

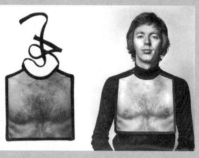
图1-1-24 Gijs Bakker作品 项饰
1976年

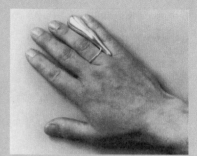
图1-1-25 Gerd Rothman作品
戒指 1979年

旧俗，新的首饰人以工艺为主要手段自主地表达，将主体意识、思考、态度和观念注入到作品中，追求个人化的艺术个性和风格，都体现了创作者主体意识的增强。（图1-1-20至图1-1-22）

（2）强调"当代性"的当代首饰

首饰艺术常被冠以"当代"一词，"当代"不仅仅指时间上的当下性，更是指后现代主义语境下艺术史和艺术批评中的特定内涵，有关于艺术的观念和价值取向。偶然性、多重性、碎片性是后现代文化艺术的主要特征，最重要的是，它们是当代观念影响下的艺术，对当代社会生活中敏感问题和重大事物作出积极回应，具有相应的批判性和反思性。而首饰艺术中所指的当代性应当是以"首饰"为视角（这里首饰不仅指实体的、具体的首饰，更是指作为历史的、社会的首饰概念），对我们所处的时代与社会保持着审视、反思、批判和表达。这时候首饰不仅有《诗经》中"赋比兴"的再现和表现的手法，更应有白居易说的"美刺兴比"的艺术批判功能。（图1-1-23至图1-1-26）

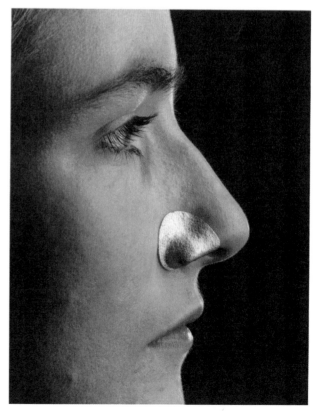
图1-1-26 Gerd Rothman作品 鼻饰 1985年

3．当代首饰的特征

（1）首饰性

当代首饰的"首饰性"可以理解为作品的内容或形式涉及首饰自古以来固有的属性，如表达崇拜及情感、装饰功能、展示身份和财富、工艺性等。具体来说包含四个方面：一是首饰作为具体的戒指、项链、耳环等穿戴的类别和功能。二是历史沿袭和沉淀下来的首饰作为特定符号用来指涉崇拜、装饰、身份、地位、情感、交流等的象征作用。三是将首饰具体的功能去掉，并且它所表达的各种主题和题材，也就是内容，都通通去掉之后留下来的关乎首饰本体的材料性、工艺性等要素，它应当区别于架上绘画、装置、雕塑、影像多媒体等其他艺术语言。四是创作者与首饰有关的经历与背景，不论是学院化的首饰教育、师徒传习式手艺作坊的经验，甚至是首饰工厂生产的行业化经历，必然某种程度体现在其创造性工作上，就像是一个人基因，一定程度上必然决定他未来的长相。

"首饰性"即首饰作为一门语言的自身特质，对"首饰性"以及首饰语言结构的理清和剖析，是为了更好地对其进行超越。这是在剖析关于首饰艺术的"我是谁？我从哪里来？我要到哪里去？"的问题。它作为艺术语言的一部分，会拓展或重构我们的审美经验。

（2）观念性

观念艺术作为一个艺术流派是从杜尚的现成品开始，艺术形成了从外表到观念的转化，阐释而不是描述，甚至概念艺术作为观念艺术中更为小众的一支，在很短时间内走向了文字表述，即语言形式成为艺术的主要形式，直接导出了"艺术=语言"的逻辑。这个时候艺术离开了"物理"的状况，最重要的是无形的思想。如美国艺术家科苏斯（Joseph Kosuth），对观念艺术所下的定义，即艺术家通过意义进行工作而非仅关注形状、颜色或材质（图1-1-27）。

当代首饰的观念性是对杜尚衣钵的继承，观念性的注入意味着首饰原有的规则随时有可能被作品的逻辑所改变，这也是导致当代首饰多元性特征的诱因。当代首饰创造中直觉的、非理性的判断会带来新的经验，但是要通过逻辑的、理性的工作加以追求。观念意味着有总的方向和目标，这意味着当代首饰的创作并不

是以审美为唯一方向的，美学是从古希腊发展到20世纪的一种学问，体现在艺术形式的和谐与崇高感的表达上，而最早观念艺术的发生恰恰是反美学的。首饰设计中观念的应用不一定都排斥审美因素（作为视觉工作者从直觉上也无法彻底排除），而是在对观念呈现有帮助的前提下，审美变得更加包容和多元。

首饰成为问题和观念的载体，通过观看、讨论、触摸、把玩和佩戴完成观念的接受与传递。更进一步的是，首饰的观念本身也被反思、质疑和批判，首饰与佩戴、首饰与身体、首饰与历史，但凡属于首饰本身的属性都可以被动摇和异变，成为可以观察和反思的问题。在不断地质疑和批判中，首饰被解构和重组。首饰的观念性一定围绕首饰性展开，"首饰性"是作品与"首饰"的最后一丝联系，观念性既成全了首饰作为当代艺术的开放性，揭示了首饰丰富的意义，以至于作品形式可以是首饰原有形式之外的"装置""影像"甚至"行为"艺术，但是它的议题和首饰的概念又有着千丝万缕的联系。而当代首饰中观念性的自由，始终面对首饰本身属性的约束，是戴着镣铐的自由。（图1-1-28、图1-1-29）

（3）矛盾性

当代首饰是精英化和大众化并存的矛盾载体。当代首饰虽然最早萌芽于欧洲珠宝作坊环境中匠人们自觉的创造意识，但是很快被学院化的教育体系吸纳，现在中外当代首饰艺术的教学和研究绝大部分在学院尤其是高等教育中展开，呈现出教学研究的概念性和实验性。而这种学院化、精英化的特点与大众对传统概念中首饰的认知和期待显然有很大差别。在商品经济环境下，珠宝首饰是商品，虽然不是生活必需品，但是离世俗生活很近，当代首饰进入当下的商品流通环节也同样体现出价值与价格的落差与矛盾，珠宝首饰常常仅以材料贵贱为其价值的评价标准，这造成了当代首饰的智力投入与售价不匹配。如果说在西方艺术中波普艺术和概念艺术是当代艺术潮流的两个发端，前者借助大众媒介呈现出世俗性和大众化，后者保持着精英姿态，那么，当代首饰则是这两个基因共存的矛盾体。

当代首饰既是历史的又是当下的，当我们使用首饰和珠宝这类词汇时，它一定包含着作为珠宝首饰的整个传统，从史前人类出现时便产生的首饰最初形态，伴

图1-1-27 Joseph Kosuth作品《三把椅子》 1965年

图1-1-28 Lin Cheung作品 手镯 《结婚戒指的男女平均尺寸》摆件
2011年

图1-1-29 Lin Cheung作品 吊坠 2008年

随整个人类的发展，不管经历多少次历史社会变革或是多次的科学技术革命，珠宝首饰的形制、功能和范畴几乎不为时代所动，保持一贯的稳定。而当代首饰艺术的出现不过半个多世纪，由于创作者观念的注入，对传统首饰概念的反思、批判和不断地向外探寻，进入一个几乎完全自由的状况。它带着首饰本身的历史和传统的基因，因此基于首饰的批判和反思一定是面向首饰本身的，首饰的原有概念是那些不断基于首饰向外探索的艺术家们的基因和胎记，是抹除不掉的。（图1-1-30至图1-1-32）

当代首饰的创作与设计既是个人化又是对象化的。不同于传统首饰匠人一定是基于权贵委托或者市场需求的订单而进行的设计制作，20世纪以来首饰的创作和其他艺术形式一样可以是自发的创造行为，是非常个人化的自由表达，无论何种题材或内容，只是关乎个体体验的一种自娱自乐。而首饰天然的佩戴功能决定了它

图1-1-30 Frank Tjepkema作品
"bling-bling"挂饰 2003

的创作必然有对象化的因素，创作者必然要关注作品与佩戴者的关系，例如体现使用者特征（身份、个性）的个人化定制，为一类人或某个群体设计、以用户为中心的佩戴和使用体验，时尚化、快销品首饰则是跟随每一季的时尚潮流。当代首饰的对象化还体现在除制作者之外的佩戴者或观众共同参与到意义的制造中来，对象的使用动作和行为是产生意义的重要手段，作品的又一层含义得以显现。

（4）综合性

当代首饰设计的研究方法变得更多元，不仅紧密关联着视觉艺术创作方法的运用，如视觉形象的提炼、想象和转化，也涉及其他人文学科如文学、语言学、社会学、哲学甚至历史学的分析和研究方法，使得设计师者的艺术实践能力和深层次的分析能力得到综合提升。

当代首饰设计的执行手段也日益综合。因为有明确的设计目标或创作观念，所以设计师和创作者不拘泥于某种单一的设计手段进行工作（例如流水线式的工厂生产流程）。从个人工作坊式的手工制作方式（如传统手工艺的各个门类），到与珠宝工业化、流程化生产模式的对接，再到更加跨领域与其他计算机智能应用等技术结合，甚至是更加宽泛的综合手段如行为、影像，绘画、装置，空间环境等综合实现设计目标，所有的手段都是为设计目标和创作观念服务，体现的是设计师对综合手段游刃有余的应用能力。

当代首饰设计创作题材和视角也呈现出多维度的态势。从整体上可以分为两种倾向，一种以首饰为表达媒介向外延伸所触及的各类创作题材。从具象题材的描摹和再现，到抽象元素丰富运用，从个人情感的表达到社会话题的审视，从对传统的观照到对未来的畅想，无一不可以作为创作题材融入首饰作品中。另一倾向则是对首饰作为本体概念的回溯和反观，对首饰自古以来固有的属性，如崇拜、装饰、身份、财富、情感、制作等属性进行考察所产生的反思和追问，形成具有当代性的艺术作品。

当代首饰的艺术与设计的界限越来越模糊。首饰在今天已经超越原有的工艺美术、纯艺术和设计的范畴，属于创造性工作，对人的要求在本质上并无区别，都是对创作者审美、思辨和实践等能力的要求。区别只在于创造性工作成果的"观众"或"用户"是谁。有人精炼地概括说艺术是为自己，设计是为他人，事实上无论自己或他人，都是作品或产品的传播对象，都是"观众"和"用户"，尤其在消费主义的语境下，村上隆和杰夫·昆斯这样的艺术家早就将艺术视为为商业的一部分（图1-1-33至图1-1-35），作品也是商业社会的商品之一。首饰艺术作品或珠宝配饰产品的界定仅因为终端受众的不同而产生区分，通过不同的市场化平台和渠道如艺术品拍卖、博览会、画廊等艺术品平台或珠宝配饰公司和时尚秀场等，结合营销策略和渠道推向不同的观众和人群，从而丰富个体或群体的物质及精神需求。

图1-1-31　Julia Maria Künnap作品　青金石胸针

图1-1-32　Julia Maria Künnap作品　翡翠胸针

图1-1-33 Jeff Koons作品 《气球狗》

图1-1-34 Jeff Koons作品 《郁金香》

图1-1-35 村上隆作品 《太阳花》

第二节 当代首饰设计基本要素

1. 材料与工艺

（1）贵重材料与综合材料

自古以来，首饰的制作与设计一定是基于对物质材料的加工和改造，从而达到审美或是象征的功能，今天的首饰设计风格、品类越来越丰富，材料使用上也越来越综合，物理特性丰富，视觉发展潜力大，相对廉价，利于操作，是审美与观念的表达需求而导致的材料选择的多样性需求。我们用于首饰制作的材料可以分为传统贵重材料和现代综合材料两大类，这两类材料并不是二元对立的，而应该在具体的设计情境和设计需求中进行贴切的选择。

传统贵重材料是历来被人们珍视的价值较高的珠宝首饰制作的材料，主要指常用于首饰制作的天然珠宝、玉石和贵金属，具有美丽、稀少、耐久等特性。

① 天然珠宝玉石

狭义的珠宝玉石是自然界产出的，色彩瑰丽，晶莹剔透，坚硬耐久而稀少，可琢磨雕刻成有审美装饰或实用功能的人工制品。自然界3000多种矿物中能作为宝石原料的仅230余种，而国际珠宝市场上的中高档宝石仅20多种。宝石是矿物岩石的精华，天然珠宝玉石分为天然宝石、天然玉石和天然有机宝石几类。（图1-2-1、图1-2-2）

天然宝石是指自然界产出的矿物单晶或双晶。天然宝石中又分为高档和中低档以及稀少宝石几类，高档宝石：钻石、祖母绿、红宝石、蓝宝石、金绿宝石（变石、猫眼）（图1-2-3至图1-2-5）；中低档宝石：俗称"半宝"或"杂石"例如水晶、石榴石、尖晶石、绿柱石、长石、碧玺（电气石）、托帕石、黝帘石（坦桑石）等（图1-2-6）。稀少宝石指新发现的、储量稀少、开采难度大、商业流通性低、大部分仅在实验室或作为标本出现的宝石，例如塔菲石、硅硼镁铝石等（图1-2-7、图1-2-8）。

| 祖母绿形刻面型 | 橄榄形刻面型 | 梨形刻面型 | 椭圆形刻面型 | 圆形刻面型 | 心形刻面型 | 公主方形刻面型 |

图1-2-1 刻面宝石常见琢型

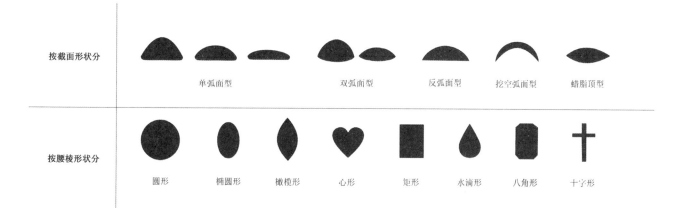

图1-2-2 素面宝石型常见琢型

钻石　　　　　红宝石　　　　　蓝宝石　　　　　祖母绿　　　　　金绿宝石

图1-2-3　常见高档宝石

图1-2-4　Tiffany & Co.（蒂凡尼）
蓝宝石钻石戒指

图1-2-5　Chopard "红毯"（萧邦）
高级珠宝系列　祖母绿戒指

图1-2-6　各种彩色宝石

图1-2-7　塔菲石　1945年，由爱
尔兰宝石学家Taaffe伯爵发现，在
1951年确定才为一种新的宝石品种

图1-2-8　硅硼镁铝石　于1902年
在马达加斯加南部被法国的矿物学
家Alfred Lacroix所发现

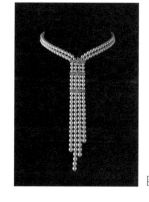

图1-2-10 MIKIMOTO（御木本） 珍珠项链

图1-2-9 翡翠手镯

天然玉石是指自然界产出的具有美观耐久特性的矿物集合体和少数非晶质体。玉石品种主要以矿物集合体的主要矿物来划分，也有些以产地和传统名称来命名的，天然玉石根据材料价值、硬度、加工特点分为高档玉石、中低档玉石和雕刻石几大类。高档玉石：（莫氏硬度为6-7）如翡翠（图1-2-9）和软玉；中低档玉石：（莫氏硬度为4-6）玛瑙、绿松石、青金石、孔雀石等；雕刻石：鸡血石、寿山石、青田石等。

天然有机宝石是自然界生物作用形成的固体，它们部分或全部由有机物质组成，有些品种本身就是生物体的一部分，如象牙、玳瑁、珍珠、琥珀、玛瑙等。人工养殖珍珠因为其养殖过程和产品与天然珍珠的属性特征基本相同，所以也被划归为天然有机宝石。（图1-2-10）

值得一提的是，珠宝制作加工行业常常将除了高档宝石（钻石、祖母绿、红宝石、蓝宝石这四大宝石）和高档玉石（翡翠和软玉）之外的中低档宝石俗称"半宝"或"杂石"。另外，宝石学对宝石的分类中还有人工宝石（指完全或部分由人工生产制造，用作首饰及装饰品的材料，如合成宝石、人造宝石、拼合宝石和再造宝石等），在此就不纳入贵重材料的范畴。

② 常用贵金属
贵金属主要指金、银和铂族金属（钌、铑、钯、锇、铱、铂）等8种金属元素。这些金属大多数拥有美丽的色泽，具有较强的化学稳定性，一般条件下不易与其他化学物质发生化学反应。我们常说的K金的计量方法是：纯金为24K（即我们常说的足金），1K的含金量约是4.166%。K金饰品的特点是相对纯金金量少、成本低，又可配制成各种颜色（我们常说的白金、玫瑰金等），且提高了硬度，适合镶嵌，不易变形和磨损。K金按含金量多少还分22K金、18K金、9K金等。（图1-2-11、图1-2-12）

③ 综合材料
随着科学技术发展以及审美需求日益多样化，用于首饰设计创作的材料也在不断变化和扩展。廉价材料木、纸、塑料、玻璃、硅胶、树脂、钢、铁、混凝土、橡胶等都可以成为首饰制作的材料，而材料是艺术家表现思想与观念最直接的媒介。（图1-2-13）

综合材料的丰富性带来的视觉功能和触觉功能是艺术表达中极为重要的组成部分，并且，视觉上产生触觉效果能给人带来强烈的不同的情绪感受。如纸材料物理层面的软与硬、轻与重、冷与暖、疏与密、干与湿、韧与脆、透明与不透明、可塑与不可塑，肌理粗糙与细腻、规则与不规则、反光不反光等。许多综合材料同时还具备生命与无生命、鲜活与古老、轻盈与笨重的心理感受。

对各种材料运用的背后体现出的是艺术家、设计师"勇于实验""善于发现"的精神品质，敢于打破对固有概念的认知局限，发掘其更深层次的内涵并赋予其全新的意义。面对现有的已知材料，我们要去仔细体会和拿捏，可以将其打破重组，面对没有被利用过的材料，应该勇于尝试，目的都是为了使之产生新的视觉体验，提升和丰富自己的审美体验，挖掘新的意涵，为设计意义的表达提供经验与素材。

传统的首饰材料和今天更宽泛的综合材料在物质层面虽然有贵重和廉价之分，但是设计运用的过程中，其艺术与文化价值是同等重要的，应当注重挖掘材料的文化和历史意义，使其都服务于设计概念，促进设计内涵的延展与深化。同时在操作实践过程中需要深入了解不同材料的视觉和物理特性，在设计制作的结构上，考虑其合理性和稳定性。

（2）现代化制造工艺与传统手工艺

首饰设计需要对首饰相关生产制造工艺有相对全面的认识和了解，了解不同加工方式针对不同材料能够产生的不同特性。首饰制作有关的加工工艺可以分为两大类，分别是现代化的珠宝首饰生产制造工艺和手工艺方式的制作。两种制作生产方式是相互补充的关系。

① 现代化制造工艺

现代珠宝生产制造工艺是基于批量化生产需求而形成的机械化、数字化方式的生产制造，复制性、标准化、效率高等特点，与首饰制作生产流程紧密结合。目前珠宝首饰企业中常用的现代化工艺制造方式有如下几种。

精密铸造工艺。 铸造是将液体金属浇铸到与零件形状相适应的铸造空腔中，待其冷却凝固后，以获得零件或毛坯的方法。与中国商代中晚期便有的"失蜡法"铸造原理相同，在首饰制造中用于满足批量生产的需求。失蜡法也称"熔模法"，是一种青铜等金属器物的精密铸造方法。做法是，用蜂蜡做成铸件的模型，再用耐火材料如泥土填充泥芯和敷成外范。加热烘烤后，蜡模全部熔化流失，使整个铸件模型变成空壳。再往内浇灌熔液，便铸成器物。以失蜡法铸造的器物可以玲珑剔透，有镂空的效果。

电铸工艺。 一般用于空心首饰产品的制造。电铸是利用金属离子阴极电沉积原理，在导电原模（芯模）上沉积金属、合金或复合材料，并将其与原模分离以制取制品的过程。通常导电原模作阴极，需要电铸的金属作阳极。电铸溶液是含有阳极金属离子的溶液，在电源的作用下，电铸溶液中的金属离子在阴极导电原模上还原成金属，沉积于导电原模表面。同时，阳极金属源源不断地变成离子溶解到电铸液中进行补充，使电铸液中金属离子的浓度保持不变。当阴极导电原模上的电铸层逐渐增加，达到要求厚度时，停止电铸，将电铸件与原模分离，获得与原模型面相反的电铸件。这种电铸件的形状和表面粗糙度值与原模相似。在实际生产中也有采用电铸铜坯体，然后采取外部电镀黄金的办法进行制作。我们现在常说的"3D硬足金"饰品，是一种新型产品，但也是以"电铸"原理生产而成。它主要通过对电铸液中的黄金含量、pH、工作温度、有机光剂含量和搅动速度等进行改良，大大提升了黄金的硬度及耐磨性，从而解决了现有电铸工艺黄金饰品的不足，如不能佩戴及触摸。（图1-2-14）

机械冲压工艺。 多用来制作表面浅浮雕的金属造型。它借助专用冲压设备的动力，通过冲压模具（钢模为主）将金属直接冲压，冲压利用金属的延展性产生变形，生成所需造型。板料、模具和设备是冲压加工的三要素。冲压加工是一种金属冷变形加工方法。（图1-2-15）

车铣复合加工工艺。 常称为CNC数控加工，通常是指计算机数字化控制精密机械加工，常用于首饰精密严谨的几何化造型或是金属表面的车花和雕花。主要工作是编制加工程序，即将手工活转为电脑编程。这种复合型加工机可以带有刀库和自动换刀装置，是一种高度自动化的多功能数控机床。可以大量减少加工工序，如要改变零件的形状和尺寸，只需要修改零件模型参数，适用于新产品研制和改型，加工质量稳定，重复制造的精度高。多品种、小批量生产情况下生产效率较高，能减少生产准备、机床调整和工序检验的时间，而且由于使用最佳切削量而减少了切削时间。（图1-2-16）

图1-2-11　Niessing 24K金戒指　　图1-2-12　Cartier（卡地亚）TRINITY戒指，经典款 18K白金/黄金/玫瑰金　　图1-2-13　用水泥和纤维制作的具有肌理效果的胸针

图1-2-14　以电铸工艺制作的足金貔貅　　图1-2-15　机械冲压制成的徽章　　图1-2-16　金属车花效果

3D打印成型工艺。快速成型技术的一种，在首饰生产中常用于起版环节，具有精确、标准、高效、灵活的特点，在个性化首饰创作中也常常运用这种方式。它是一种以数字模型文件为基础，运用粉末状金属或塑料等可黏合材料，通过逐层打印的方式来构造物体的技术。

② 传统手工艺

随着设计诉求的日益丰富，在当代首饰的设计与制作中，设计师们不拘泥于单一的流水线生产方式，也会用到多种多样的传统手工技艺来实现设计想法。手工的金工工艺如錾刻、镶嵌（目前绝大部分镶嵌工艺都由手工制作完成）、金属锤揲、花丝镶嵌、炸珠以及其他材料门类的手工艺方式如大漆、木艺、陶瓷、珐琅、纤维、琉璃工艺等。以下主要介绍几项传统金工工艺。

錾刻工艺。利用金、银、铜等金属材料的延展性兴起来的传统手工技艺，它是随玉石器、骨角器等加工技术演化而来。錾刻工艺品的造型，主要分为平面的片活和立体的圆活，片活是平装在某些器物上或悬挂起来供人欣赏，圆活则多作为实用器皿使用。錾刻工艺的核心是"錾活"。操作时使用的主要工具是各式各样的成套錾子，这些錾子都是自制的，用工具钢或弹簧钢打制，钢料过火后先锤打成长约10厘米、中间粗两头细的枣核形坯子，之后将其前端锤打、错磨出所需要的形状，再经淬火处理，并在油石上反复打磨、调试，使之合用。（图1-2-17）

锤揲工艺。也称为手工锻造，是最主要的金银器成形工艺。充分利用了金、银质地比较柔软、延展性强的特点，用锤敲打金、银块，使之延伸展开成片状，再按要求打造成各种器形和纹饰。利用锤揲手段能让金属片呈现出丰富的厚薄与肌理变化，并利于塑造立体有机的造型。这一工艺成熟于唐代，至宋代获得了更为巧妙的应用，常用金、银和铜等软质金属材料通过锤揲方式来制作各类实用器皿等或中空的立体造型的装饰物件。（图1-2-18）

图1-2-17 錾刻工艺效果

图1-2-18 锤揲工艺效果

图1-2-19 花丝镶嵌工艺效果

图1-2-20 金银错工艺效果

花丝镶嵌。又叫细金工艺，是一门传承久远的中国传统手工技艺，历史上主要用于皇家饰品的制作。为"花丝"和"镶嵌"两种制作技艺的结合。花丝以金、银、铜为原料，采用掐、填、攒、焊、编织、堆垒等传统技法。镶嵌以挫、锼、捶、闷、打、崩、挤、镶等技法，将金属片做成托和瓜子型凹槽，再镶以珍珠、宝石。而且还常用点翠工艺，取得金碧辉煌的效果。另外，现代首饰制作中的宝石镶嵌工艺发展出更为精密的和丰富的镶嵌方式和门类。如包镶、爪镶、凹镶、起钉镶、卡镶、轨道镶等，为的是更加突出宝石的颜色和光泽。（图1-2-19）

金银错工艺。中国古代传统金属细工镶嵌技法之一，在器物上布置金银图案的，就可以叫金银错。第一步是作母范预刻凹槽，以便器物铸成后，在凹槽内嵌金银。第二步是錾槽。"铜器铸成后，凹槽还需要加工錾凿，精细的纹饰，需在器表用墨笔绘成纹样，然后根据纹样，錾刻浅槽，这在古代叫刻镂，也叫镂金"。第三步是镶嵌。第四步是磨错。"金丝或金片镶嵌完毕，铜器的表面并不平整，必须用错（厝）石磨错，使金丝或金片与铜器表面自然平滑，达到严丝合缝的地步"。（图1-2-20）

珐琅工艺。珐琅又称景泰蓝，与陶瓷釉、琉璃、玻璃（料）同属硅酸盐类物质。是以矿物质的硅、铅丹、硼砂、长石、石英等原料按照适当的比例混合，分别加入各种呈色的金属氧化物，经焙烧磨碎制成粉末状的彩料后，再依其珐琅工艺的不同做法，填嵌或绘制于以金属做胎的器体上，经烘烧而成为珐琅制品。中国古代习惯将附着在陶或瓷胎表面的称"釉"；附着在建筑瓦件上的称

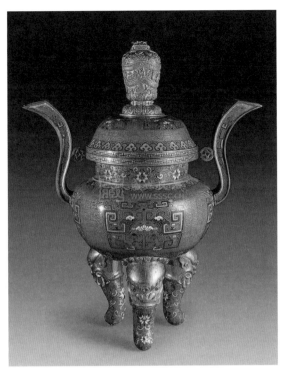

图1-2-22　炸珠工艺效果　图1-2-23　陶骑手像　迈锡尼

图1-2-21　景泰蓝工艺效果　图1-2-24　大地母神像　迈锡尼　图1-2-25　维伦多夫的维纳斯

"琉璃"；而附着在金属表面上的则称为"珐琅"。金属胎珐琅器则依据制作过程中具体加工工艺的不同，分为掐丝珐琅器、錾胎珐琅器、画珐琅器和透明珐琅器等几个品种。（图1-2-21）

炸珠工艺。炸珠是古代金工传统工艺之一，指将黄金溶液滴入温水中形成大小不等的金珠。炸珠形成的金珠通常焊接在金、银器物上以作装饰，如联珠纹、鱼子纹等。也可以把金碎屑放在炭火上加热，融化时金屑呈露滴状，冷却后成小金珠。炸珠通常和掐丝、编织、镶嵌一同使用，这种工艺在汉代就已经出现，唐代仍很流行。（图1-2-22）

2. 造型与色泽

（1）造型的要素和方式
首饰中的造型、材料、工艺、功能、意涵等要素是有机统一的，在设计与制作时需要整体考虑，而对各个要素的拆分也是相对的，是为了分析和研究的需要。造型的建构包含着审美的建构、功能的建构和意义的

建构。和所有视觉艺术门类一样，首饰设计的基本任务之一就是造型的处理。

① 造型的基本要素
在造型艺术中我们常用点、线、面、体来概括造型的基本要素。而从立体形态的角度来讲，人类最早的对立体造型的处理可分为球体的形式、棒状形式（图1-2-23）、厚板片形式（图1-2-24）。以人的婴幼儿时期为例，作为三维空间造型发展过程中的初级阶段来说，一个儿童初次用黏土做成圆球时，这个球体的形式代表着一切固体的事物——包括人、动物、房屋在内的一切事物。旧石器时代肥胖女人的塑像，它的头部、腹部、胸部、大腿等，看上去都是圆的，一方面的解读是史前人类用肥胖去表现母性和生殖能力（图1-2-25），另一方面也说明了人类在初级发展阶段对球体形态概念的表现。这些基本的造型元素经过演化变得多样和丰富，并且造型元素之间的组织关系能够带给人不同的视觉及心理感受：例如平衡感、时间感、运动感、空间感、节奏感、秩序感、冲突感。例如古埃及、古希腊艺术中的对称成为古代雕塑的基本准则。也有以倾斜与变形造成的运动感为主要审美

趣味的，如巴洛克风格的纹饰。

造型从空间维度上可以分为平面造型、立体造型以及浮雕造型。基于透视法则，艺术家可以用平面模拟空间、利用变形、倾斜、缩短等手法产生空间效果，模拟和再现某一个角度所看到的形象（近似于照相的方式）。在文艺复兴时期建立起系统的透视法之前，艺术发展的早期例如古埃及人、古巴比伦人以及其他原始民族，乃至儿童绘画时使用的方法，则会将对事物的视觉认知结构原原本本地呈现出来，或是将物像的各个角度和各个部分，有意或无意地选取典型成分，以独特的方式加以结合。20世纪初期，先锋艺术家们对这种儿童的、古埃及的乃至早期非洲亚洲的原始观察方法进行利用和变化，产生了现代派的艺术风格，例如毕加索的立体派，并不可避免地在首饰的造型设计中也有相应的体现。

② 首饰的主要造型方式

单体与随形的方式。首饰最早是基于材质本身的审美特征以及贵重程度来决定其造型形式的。将一件物品修整磨光，是人类最早对自然物进行造型加工的方式之一，除了满足使用需求之外，同时也在满足审美上的需求。将物件磨光并穿孔，是人类对首饰最早的造型方式，如最早作为首饰的造型往往是贝壳、骨头、羽毛、石头等，随形的打磨和穿孔后便作为具有象征意义的物件穿戴在身上（图1-2-26）；更常见的是高级珠宝为了突出其主要宝石材料的美丽和贵重，造型的设计都是围绕着宝石主体展开。翡翠玉石为材质的首饰中常常会用到俏色和随形的方式，剔除材料的瑕疵部分，最大限度地保留材料完整并突出其贵重性，并在此基础上进行造型处理。（图1-2-27）

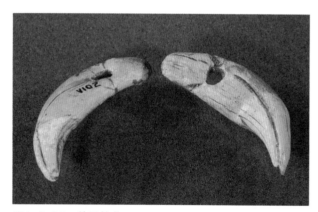

图1-2-26 兽牙饰物

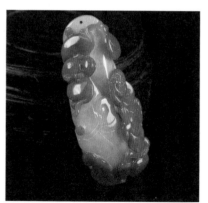

图1-2-27 红皮俏色翡翠

图1-2-28 金戒指

图1-2-29 玉镯子

功能化的形态。首饰必然有佩戴功能，是与身体形态密切关联的，首饰的造型往往受到其佩戴部位的影响。在此影响下通常分为两大类，一类是针状形态，如：头钗、耳饰一类，以通过穿过身体为特征，另一类是环状形态如戒指、项链、手镯等，以环绕着身体的某个部位为主要特征，不同特征的形态决定了造型的设计必须尊重佩戴时的合理性与舒适性。有些设计的造型则会考虑身体部位及其负空间的关系，形成相应的造型语言。有些设计则让首饰的功能性结构直接成为首饰的形态本身。（图1-2-28、图1-2-29）

模仿与再现的方式。从古希腊开始，以苏格拉底为代表的哲人便认为艺术是模仿自然的。到柏拉图的弟子亚里士多德那里，模仿说形成了完整的系统理论。艺术的目的是尽量准确地模仿，一座雕像的目的是要逼真地模仿一个生动的人，一幅画作的目的是要逼真地再现真实的人物、室内的场景或自然风光。这个观念根深蒂固地影响了我们衡量艺术的标准。同时，基于人类造物的本能习惯，自古以来首饰的设计中的造型有很大一部分是模仿和再现花鸟鱼虫、动物、建筑、人物等客观对象。（图1-2-30、图1-2-31）

抽象与表现的方式。从整体上看，20世纪的现代抽象艺术是对西方模拟自然艺术传统的反叛。它反对客观地描绘自然物象，主张抽象分析和抽象表现。抽象艺术一般被理解为不直接描绘的客观世界的具体形象，反而透过抽象的形状和颜色以主观方式来表达。现代抽象艺术包含两大类型：第一类是从自然物象出发的抽象，形成与自然物象保持有一定联系的抽象艺术形象，例如蒙德里安和康定斯基的创作。第二类是不以自然物象为基础的抽象，创作纯粹的形式构成，例如马列维奇的至上主义绘画（图1-2-32）。在这些艺术思潮与流派影响下，也有大量的首饰造型开始不以自然物象为基础，仅以基本的视觉语言和形式要素例如点线面、色彩、明暗、质感构成的非具象的造型，借以表达某种情绪、意念等精神内容或美感体验。（图1-2-33）

拼贴的方式。"拼贴"一词源于法文coller，意为胶水，在英文中，它是动词也是名词：即将纸张、布片或其他材料进行组合，创作出一件拼贴作品。最早由立体主义、达达艺术以及波谱艺术家们用这样的方式来创作，

图1-2-30 清代 发簪

图1-2-31 Cindy Chao 艺术珠宝

图1-2-32 马列维奇《动态的至上主义》（Dynamic Suprematism）1915年

图1-2-33 Stefano Marchetti 作品 胸针 意大利

图1-2-34　理查德·汉密尔顿 波普艺术作品《究竟是什么使今日家庭如此不同、如此吸引人呢？》

图1-2-35　Jack Cunningham 作品　胸针

图1-2-36　Alessio Boschi 珠宝作品　意大利

以打破架上绘画的边界，后来延伸成为后现代主义艺术语境下的一种造型方法论，它是解构的和重构的，在新的组织形式下产生了重新解读和定义，艺术不再有古今之分、内外之别，一切曾经出现过的艺术都可以成为后现代艺术家挪用和拼贴的对象，欧洲平面设计大师柯里莫夫斯基说过："在各种艺术形式走到尽头的时候，对片段的截取与整合成为后现代的标志之一。"在当代首饰中也有许多设计受到这一艺术思想的影响，具体形式则表现在首饰作品中对现成成品的运用以及观念性的首饰艺术创作。（图1-2-34、图1-2-35）

（2）色泽的心理体验

首饰是由具体的可触可见的物质材料组成的，无论是宝石，金属，还是其他材料，其色泽受到材质的透光性、质地、密度、肌理等多方面影响，尤其是宝石颜色会受到经过反射、透射、折射、漫反射以及选择性吸收等一系列光的综合作用，所以对色泽的分析无法单纯地仅用色彩本身的要素如色相、明度、饱和度来分析，对首饰设计中色泽的讨论要放在具体的物质材料及设计情境中讨论。

传统珠宝首饰中的颜色运用大多依靠宝石或金属材料本身的色泽来体现。因为人的生理和心理本能，容易注意到光亮、闪烁的东西，所以一般意义下首饰的制作都会尽可能将金属处理成为光滑的反射状态，而且越透明、越闪烁、颜色越鲜亮的宝石也越受人喜爱（图1-2-36）。

到最近几十年首饰发展成为更加自由的艺术表达媒介

时才有了更多的处理色彩和光泽的方式，除了依靠材料本身的色泽，开始运用其他工艺方式例如各种绘画涂料、金属烤漆、电镀、印刷工艺等。暗淡的、深沉的、朴素的色调也可以帮助艺术家表达不同的个性和情绪，视觉风格越来越多元和个性化，这也是首饰所带有的审美和情感包容度越来越大的体现。在珠宝首饰的评价标准中，通常是饱和度越高的彩色宝石（如红蓝宝、翡翠、祖母绿）以及纯度高的黄金往往在物质价值方面越高；但是，在艺术和审美的语境下，材料的饱和度的选择应该为要传递的思想和情感服务，选用最合适的而不是"最贵"的材料。

如果说形态是积极的感知和控制，色彩则是被动的直接的情感经验。无可否认，各种色彩有特定的表现性，色彩能够表现感情，把色彩分成冷色和暖色的做法十分常见，而颜色的冷暖是在特定环境中相对体现的。色彩的表现力及其冷暖温度，不仅由色彩本身决定，而且还受到亮度和饱和度的影响，种种迹象表明，亮度越高的色彩显得越"冷"，亮度低则容易变暖，例如首饰中同样的黄金材料的黄色，在抛光的高亮度的处理后显得闪亮而冰冷，而磨砂效果的黄金颜色则多了一份温暖的感觉。饱和度就是色彩的纯度，最不饱和的色彩就是完全无色彩倾向的灰色，经研究表明，不饱和性可以强化色彩的冷暖水平。它能使暖色更暖，使冷色更冷。

光与光泽：光是人的感官能得到的一种辉煌、壮观的体验，它在原始宗教仪式中受到人们的膜拜，宝石和黄金才让人沉迷其中，在艺术中关于光的概念是由视觉效果直接提供的，与科学家对光线的物理解释有着本质不同。人们对光的反应是有选择的注意，大爆炸或是日食带来的黑暗以及钻石的璀璨，能够立即被人注意到，甚至使人情绪久久不能平静（图1-2-37）。光泽是指宝石及其他材料表面反射光的能力。在宝石学中，根据光泽的强弱可以分为金属光泽、半金属光泽、金刚光泽和玻璃光泽，还有一些特殊光泽如油脂光泽、树脂光泽、丝绢光泽、珍珠光泽、蜡状光泽以及土状光泽，有些宝石的光泽还有一些特殊效应，如发光性：在外来能量（如摩擦、加热、紫外线、X射线等）的激发下能产生发光的特点，如荧光和磷光效应。还有一些特殊光学效应如星光或猫眼效应以及其他特殊光学效应如变色沙金。除了从理性知识的角度认知光泽的种类、原理和特征之外，更应该从艺术和文化层面探究光泽在具体情境中给观者的审美及情绪体验，为视觉设计工作提供经验和素材。（图1-2-38）

3. 功能与装饰

（1）功能的原则

这里主要指的是首饰的佩戴功能。其他艺术形式不受佩戴的限制，其观看欣赏是有一定距离的，如绘画和雕塑，而首饰是在佩戴和把玩的过程中进行体验和欣赏的，佩戴的功能决定了首饰区别于其他艺术的存在方式和形式。

首饰从佩戴部位来分类通常有戒指、手镯、手链、项链、耳饰、头饰、臂饰等，这就必然产生相应的结构满足身体佩戴的需求。结构是功能的物质载体，结构本质上是功能结构，它依据产品的功能和目的来选择。首饰的造型和结构必然受到基本功能需求的影响，所以首饰的针状形态和环状形态是它的宿命。

首饰结构形态有层次性、有序性、稳定性等特点。层次性是由首饰的复杂程度决定的，例如高级珠宝项链中活动关节结构与整体的关系，主石与辅石的镶嵌结构之间的关系，再到碎钻镶嵌时爪与石位的关系，是从整体到局部形成不同的层次。有序性是指首饰结构是因为功能需要合乎目的和规律建构起来的。所有的结构都具有稳定性这一特点，合理的结构让材料和各部件之间形成一种平衡状态，结构的平衡和连接的稳固是构成稳定性的基础。（图1-2-39）

为了达到合理、有序、稳定的功能需求，在设计时要选择合理的结构。要满足佩戴功能必然要考虑相应的功能结构如链接结构、插接结构、镶嵌结构的合理性。链接结构：一般用于首饰个零部件之间的连接，如扣、环结构；插接结构：适用于耳饰、胸针等针状结构，通过插接达到连接和佩戴的功能；镶嵌结构：不同材料之间通过一定的结构相互支撑，达到固定的目的，根据结构方式不同有不同名称，如包镶、爪镶、起钉镶、凹镶等。

（2）装饰的原理与作用

装饰艺术是人类历史上最早的艺术形态，在劳动和游戏中逐渐产生了装饰艺术，体现着人类审美的基本要素，对称、光滑、有序等。装饰的图形化，图案化，概括的几何形式体现了人生物本能的视觉逻辑，人类装饰艺术形式的趋同性，反映了人类普遍的对视觉规律如秩序、对称、反复等的认识把握。装饰是艺术的基本语言，通过装饰的形式，艺术的视觉原理被凸显

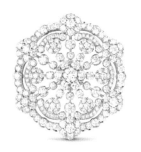

图1-2-37　Van Cleef & Arpel（梵克雅宝）Snowflake胸针和吊坠（铂金、钻石）

图1-2-38　Otto Künzli "黄金让你盲目" 手镯　橡胶、黄金

图1-2-39　通过镶嵌结构组织而成的手链　梵克雅宝　玫瑰金、钻石、红宝石

出来。例如传统中的纹样，无论是单独纹样和连续纹样（二方连续、四方连续），都是按照一定的图案结构规律，经过抽象变化而产生的规则化图形，这些图案的最初起源都与现实世界相关，如半坡原始居民绘制鱼纹、鸟纹，最后都演变为抽象的几何形纹。

从首饰诞生以来，无论其承载了什么意义，都是以审美为前提的，首饰最重要的作用之一便是装饰，装饰与被装饰物的关系最终表现为实用与审美、功能与形式之间的关系，装饰不是一种完全自由的艺术，它被置于装饰物的母体之上或母体之中的。由此可以说，首饰也不是完全自由的艺术。

苏珊·朗格说装饰不单纯地涉及审美，也不单纯暗示增添一个独立饰物。"装饰"与"得体"是同源词，它意味着适宜的、形式化的。装饰是一种符号，是首饰外在形象与信息的综合体，容易记忆，容易认识，又总是具有象征性和寓意的，人们通过装饰的形态能联想到背后的寓意或更多方面。装饰的题材通过纹样、图形等体现，装饰是表现性的、形式化的，以审美的方式刺激人的感官，并激发人的想象力。

装饰最重要目的就是愉悦感官，美国学者乔迅提出装饰就是奢侈，将装饰与奢侈（明代文震亨称为"长物"）直接联系起来，认为装饰是自我延伸的符号体现，是品味的体现，装饰不仅仅是物品表面的图像效果，机械时代以前的装饰天然与身体有密不可分的关系，令人眼花缭乱的视觉效果制造了一种体感、一种视觉性的触感。不像锅碗瓢盆等生活实用器物，首饰的实用功能较弱，可以说首饰就是装饰本身，装饰积极的巩固和强化了佩戴者的社会地位，以物质形式体现了阶层的共性和区别。所以一直以来首饰被称为奢侈的物品，并且通过装饰塑造佩戴者关于奢侈的形象。

4. 意义与观念

（1）情感和象征

首饰是私人化的，佩戴者与它会建立强烈的情感联系，首饰是传递信息的媒介，是有意味的形式。可以说首饰是情感的符号，它不仅仅是财富身份与装饰，也是情感的依托。表现情感是一种个性化的活动，作为情感的载体，好的首饰一定传递情感与感受，能够

让观者意识到这种情感和感受，意味着观者能够意识到它的独特个性。那么，一件首饰如果说充分表现了情感，就意味着这件首饰呈现出了其全部独特性。

首饰在传统中关于承载情感的例子数不胜数。例如从中世纪起，骷髅头和交叉骨的图案被视为死亡的有形提醒。英国维多利亚时期，维多利亚女王为缅怀丈夫阿尔伯特亲王而佩戴的哀悼珠宝（图1-2-40、图1-2-41）更是具有强烈的情感性。哀悼珠宝常常以黑色的材质做成，比如黑玉、玛瑙、黑玻璃、黑珊瑚、黑珐琅、黑曜石之类，与头发结合起来是它最常见的形式，也许这让人觉得有点不舒服，但在当时非常流行，人们相信发丝具有一种神圣特性，因为它能留住人的灵魂（图1-2-42）。此外发丝不朽不灭，也使其成为永生的象征，人们把这看作是亲人与自己仍在一起的一种念想。除此之外，有的哀悼珠宝上还会标有逝者的死亡时间、名字缩写以及垂柳、瓮、天使等形象，有时会用珍珠装饰，这象征着眼泪，黑色与白色的珐琅则代表不同程度的悲伤。

首饰作为具体的物件与符号，具有很强的象征作用，象征是根据事物之间的某种联系，借助某人某物的具体形象（象征体），以表现某种抽象的概念、思想和情感。运用象征手法，可以将某些比较抽象的精神品质化为具体的可以感知的形象。无论是作为私人化的护身符，还是大众纪念品，还是政治或社会群体的共同符号，首饰承载了丰富的内涵，在不同的社会情境下有着不同的象征和寓意。首饰的象征作用意味着它可以是观点与态度的表达媒介，在首饰的设计中利用视觉元素及符号的历史文化意涵，来隐喻所想表达的意涵与观点。形状、造型和形式等视觉样式并不只是为它自身而存在的，它总是要再现某种超出其自身之外的某种东西。所有的造型和形状应该是某种内容的形式。这就是英国美学家阿诺·里德所谓的"艺术形式揭示了它的内容"。

（2）批判和反思

在漫长的人类历史和社会进程中，首饰一词形成了相对固定的概念，它是穿戴在身上的装饰品，是稀少的和珍贵的，代表着特权、财富、身份、地位和情感寄托等，这些概念约定俗成地构建起了我们对首饰的认知。而在后现在主义的语境下，任何既有观念都可能被推翻和重新界定，生发出越来越丰富的外延，同

图1-2-40 哀悼珠宝 大都会美术馆　　　　图1-2-41 哀悼珠宝　　　　图1-2-42 封存有发丝的首饰

图1-2-43 Renee Bevan〈地球是一个巨大的珍珠吊坠〉2012　　　　图1-2-44 Liesbet Bussche〈城市珠宝〉

样，首饰的既有概念和属性不断地被重新审视，并由此产生了许多有关的艺术创作，这些作品不仅仅是一件件具体可见可触的首饰，而是以"首饰"作为概念和话题所展开的批判性思考：首饰的材料一定是稀有贵重的么？为什么珠宝一定璀璨闪烁、光彩照人？首饰与身体是什么样的关系？首饰在社会生活中扮演着什么样的角色？基于此，艺术家们对珠宝首饰的价值、工艺、材料乃至今天的首饰制造产业进行观察与研究，并且用综合的艺术语言进行讨论和呈现。（图1-2-43、图1-2-44）

这样的艺术创作包含着西方哲学思辨中很重要的思维方式，即批判性思维是"基于标准的有辨识能力的判断"，是思维的技能和思想态度，没有学科边界，任何涉及智力或想象的论题都可从批判性思维的视角来审查。批判性思维肯定要建立在理性与逻辑的基础上，不讲逻辑的批判是没有意义的，还需要独立自由的精神，一个缺乏独立思考、自由意志的人是不可能具有批判性思维的。批判性思维既是一种思维技能，也是一种人格或气质；既能体现思维水平，也凸显现代人文精神。

批判性思维这一概念可追溯到美国哲学家、教育家杜威提出的"反省性思维"（reflective thinking）："能动、持续和细致地思考任何信念或被假定的知识形式，洞悉支持它的理由以及它进一步指向的结论"。"反省性思维"是批判性思维的探究模型。这样的模型运用在批判性的创作实践中则是：确定研究范畴，提出并定义问题，设定创作目标，把目标期望转变为可能的、合意的结果，设计能够达到目标的若干可能方式，预想并评估实施这些假说的可能后果，然后用它们实验，直到达到预期的创作效果。

要将批判性思维很好地融入首饰艺术创作中，要求艺术家对所观察的对象抱着真诚和客观的态度，如实地发现与体会，尽可能避免习惯性的认知与偏见，开放思想，对不同的现象和意见采取宽容的态度，系统性地考虑问题，有组织、有目标地分析和处理问题。对事物充满好奇心，并尝试学习和理解，获取尽可能广泛和深入的信息，哪怕这些信息跟最终的创作结果没有直接关联。审慎地作出判断、不急于依赖既有经验下判断或修改已有判断，并谨慎接受多种解决问题的方法。

第三节 当代首饰设计基本技能

1. 首饰制作与生产

一个优秀的首饰设计师要求既要掌握首饰的手工制作工艺，又要了解首饰产品在工厂批量生产下的工作流程。两类工作方式有很大不同，但在某些方面又有交叉和重合。

（1）首饰制作基本工具及技法

工作台。 专门的首饰工作台是首饰手工制作的最基本环境，也称工夫台。一般安置在非阳光直射的环境中。工作台的结构功能多样，能满足多种首饰操作需求：防火的桌面材料、台灯、台木、用于悬挂吊机的装配吊杆、熔焊机或者火枪，多层抽屉的储物空间，有专门抽屉或皮兜满足金属碎料的收集。首饰工作台一般是90cm高。加上台木高度，坐在普通的椅子上（座椅最好是高低可调节的），基本与视线平行，这个偏低的高度能让手臂自由活动。当锯弓顶部达到其最高处时，基本和肩部持平。这个位置能最大程度地缓解疲劳（图1-3-1）。

测量。 首饰的制作常用到钢尺、直角规、分规、内外卡尺和游标卡尺。（图1-3-2）精度一般以毫米为单位，测量精度至少到小数点后一位。例如一枚戒指的厚度为1.2mm，爪镶镶口的爪为0.8mm。

裁剪与锯切。 金属裁剪的常用工具有裁床、台式剪台、手钢剪，用于不同尺寸厚薄的金属片材的裁剪。

（图1-3-3）尺寸越大的裁刀，可剪裁的金属越厚。厚度达到2mm以上时，则较难用手工方式裁剪。锯弓和锯条是用来锯切金属的重要工具。锯弓框架将锯条有拉力地绷住，交替状锯齿用来锯不含铁的金属丝或管。锯条有专门的编号表示粗细，尺寸由细到粗为：8/0、4/0、3/0、2/0、1/0 1、2、3、4、5（图1-3-4）。

钻孔与镂空。 常用的钻孔工具有吊钻、台钻和手摇钻。通过钻孔，线锯的锯条可以穿过孔洞锯切造型，达到镂空效果。先用中心冲稍微锤敲出记号，被钻孔的金属一定要被牢固地固定，钻孔时适当用一点润滑油，切勿持续重压，而是缓慢地间断式地抬起和下压，若需钻大尺寸的孔洞则要从小尺寸钻头开始钻，再更换钻头，循序渐进到大尺寸。

锉修。 锉修一般用锉刀，有不同的形状、粗细和齿纹之分。按外形分一般有尖锥状、平板状和异形锉；锉刀的横截面也分不同形状，用于不同造型的锉修，如平锉、半圆锉、圆锉、三角锉、方锉、刀形锉和圆角锉等。按齿纹分主要有单纹、双纹、突刺纹等。单纹锉适合锉平滑细腻的表面，双纹锉适合快速锉修较硬的金属，突刺纹锉刀用于快速锉修软材质，如铅、铝、木头、蜡、塑料、皮革等。

打磨、压光与抛光。 常用的打磨工具有砂纸、砂布、砂盘机、砂带机、研磨轮、橡胶轮等工具或机器设备

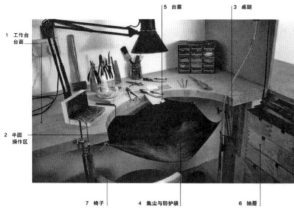

图1-3-1　基本工作台环境

图1-3-2　各种尺规与螺丝制作工具

图1-3-3　台式裁切机

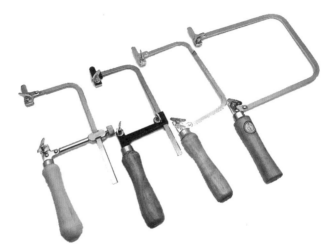

图1-3-4　不同规格的锯弓

图1-3-5　砂带机操作区域

图1-3-6　手工制砂纸卷与砂纸碟

图1-3-7　用于压光的玛瑙刀

图1-3-8　磁抛机与超声波清洗机工作环境

图1-3-9　抛光机区域

（图1-3-5），砂纸常用型号为400#至1200#之间。数值越小砂石颗粒越粗糙，根据不同的造型部位手工制作不同形状的砂纸磨具，例如砂纸卷、砂纸飞碟、砂纸尖、砂纸棒等（图1-3-6）。压光是用压光工具（例如淬火了的光滑表面的钢、玛瑙刀等）以推压方式挤压金属表面，让物件具有光泽效果，这种方式能让金属表面变得坚硬，而且不产生金属的损耗，常用于黄金、铂金等贵重金属的处理（图1-3-7）。抛光是另一种能让金属呈现不同光泽的方式。手工抛光常用钢丝绒、铜刷、抛光布、棉线等。需要配合洗涤剂或滑石粉使用，得到细小的刮痕肌理，其中棉线涂抹抛光蜡之后可以用来抛磨中空或窄缝等部位。机械抛光主要有滚筒抛光机、磁抛机、布轮抛光机等。滚筒抛光机通过不同形状的钢珠、圆柱、尖柱混合装入滚筒、加入抛光液进行抛光，通过磨料与工件摩擦，去除工件表面毛刺，将砂窿打实，使工件更结实，更光亮。磁抛机利用抛光液、钢针放入容器中，通过正反方向旋转达到光亮效果。布轮抛光机利用不同型号的抛光蜡和高速转动的布轮对工件进行抛光，能达到镜面的效果。（图1-3-8、图1-3-9）

焊接与冷接。 焊接是指用焊料与热源借助助溶剂将不同种类的金属结合在一起。焊料是不含铁的合金，通常有银焊药、白金焊药、黄金焊药用于不同的颜色和金属的焊接。不同配比有不同的熔点，融成液态后沿着接触面渗透入结合金属的分子，将其牢牢抓住，达到连接效果。焊接时要求金属表面十分洁净，灵活调整火枪的方向和温度，焊药会朝温度高的方向流动，温度需要控制得当，过低焊药化不开，过高会让金属部件融化。（图1-3-10）常用的助溶剂是硼砂，是白色结晶体，760℃高温下变成液态，能够分解金属表面的氧化物，保持金属洁净，有助于焊药流动。冷接则是不依靠焊接或化学处理（如胶黏），依靠物理的方式来结合零部件。常见的冷接方式有铆钉、螺丝、插销、爪扣等。多用于结合金属与非金属以及一些较难以焊接的工业用金属如不锈钢、钛、铝等材料，或是用于对结构有特殊要求的情况（图1-3-11）。

退火与酸洗。 当需要利用金属的延展性进行弯折、锤敲成浮雕或立体造型时，金属在此过程中会越来越硬，甚至断裂，所以在加工到一个阶段就应该将金属加热，

图1-3-10 细小部件的焊接

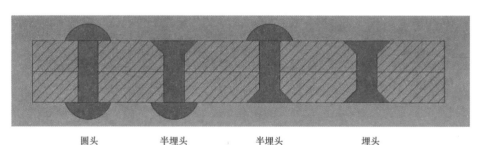

圆头　　　　半埋头　　　　半埋头　　　　埋头

图1-3-11 铆接结构

图1-3-12 有防火砖和焊台的退火与焊接区域

图1-3-13 锤敲成型的各种模具

图1-3-14 压条机与压片机

使金属恢复原有的延展性。这个环节我们称之为退火（图1-3-12）。不同金属的退火温度不同，但是在实际操作中无法知道确切温度，只能靠金属退火时所呈现的色泽来判断是否达到退火温度，例如铜在退火时呈现暗红色或樱桃红色，退火完成后需要进行酸洗。酸洗是指将物件浸入酸性溶液，以去除金属因焊接、退火、铸造而产生的火垢或火纹以及其他污物如助溶剂、含碳沉淀物或石膏等。用来酸洗的硫酸稀释液浓度约为5%~10%。物件泡酸之前应去除所有捆绑的铁线，也不可将铁质工具浸入酸洗液，用木质、塑料的夹子夹取物件，酸洗后务必用流动的清水冲洗、用吹风机使之干燥，再进行下一步工序。

图1-3-15 金属"三明治"肌理效果

锤敲成型与敲花。 退过火的金属片材可以用锤子（铁锤或木槌）敲击使其进入低凹且有足够支撑硬度的物体（我们称为模具，可以是简单的木头、牛皮垫或铅块，也可以是钢模），金属会随着模具的条件而变形。（图1-3-13）敲花又称錾刻工艺，即用各种造型的钢錾和铁锤使金属呈现浮雕造型，一方面从背面敲击使金属凸起，另一方面从正面敲击细节，从而创造出起伏变化的立体造型。一般以松胶的软硬度为錾刻金属提供良好的支撑。

金属压片与表面肌理。 压片机是首饰手工制作的常用设备之一（图1-3-14），可以将金属压制成各种平均厚度的片材，也可以用压片机以"三明治"的方式——将设计好的图案或有纹理的材料放置于退过火的金属，将质感、图案转印在金属上（图1-3-15）。因为金属的延展特性，图案的转印会略有形变，是正常现象。也可以通过球钻、牙针、金刚砂针等不同车针在金属表面进行刮削得到其他表面肌理。

图1-3-16 拉丝机与拉丝板

拉丝与制管。 除了板材之外，线材也是首饰手工制作应用很广的形状，是将金属溶解成条状，再用压片机的槽状碾压成细条，再通过拉丝机和拉丝板的使用将其抽拉成丝（图1-3-16）。线材除了用来做环、链等造型，也可以做首饰的扣、针、爪等细小结构。做金属管则是用一定尺寸的片材，弯曲后通过拉丝机用同样的抽拉方式将金属闭合成圆管状，并逐渐拉伸到所需的尺寸。

图1-3-17 铜绿的化学着色效果

金属镶嵌与熔融。 金属镶嵌是指将一种材质嵌入另一种材质内，并且在同一平面内。其中金属与金属之间的镶嵌方式有拼图镶嵌、层叠镶嵌和焊料镶嵌等。金属熔融的效果是利用贵金属加热到接近其熔点时，其外层金属刚刚融化开但内层金属又保持固体状态，产生溶解、流动、变形的不规则表面质感，并且两片以上的金属能够熔接到一起。熔融技巧需要在对金属全面加温再用火枪以集中的高温做局部加热、刚开始融化时立即移开火枪，金属会收缩，如此加热、冷却循环多次，利用温度来控制熔融的肌理效果。

图1-3-18 金属化学腐蚀与染色操作区域（需要有专门的通风）

金属腐蚀与化学染色。 金属腐蚀是利用金属化学侵蚀的特性，用化学药品来腐蚀金属的特定区域，得到相应的质感、肌理、图案、文字。被腐蚀的部分金属会有减损和下凹，不想被腐蚀的部分用胶带、蜡、油墨、漆、沥青等耐酸材料覆盖住，得到需要的效果。金属与不同的化学药品接触后会产生不同的颜色变化，以这种方式来染色的金属以铜及铜合金的变化最大（图1-3-17），银次之，黄金化学性质稳定，不容易用此法制造色泽变化。（图1-3-18）

（2）首饰工厂生产流程

基于首饰批量加工的需求，一件首饰设计图纸完成后便开始进入首饰制作的流程，工厂化首饰制造工艺流程包括：起版—铸造—执模—镶嵌—表面处理等环节，根据实际需求不同，每个环节中所用到的具体工艺技术也会不同。

① 起版

起版是首饰行业化制作流程的第一步，设计图纸需要由版部制成第一件模板，版部师傅在与设计师的沟通中将模板修改调整到最满意状态，为接下来的批量生产提供最标准的样板。制版的效果直接影响后续加工的难度和成品质量。根据需求不同。目前常用的起版方式主要有手起银版、手工雕蜡版和电脑雕蜡版。

手起银版。手起银版是用银料直接加工而成的，会用到锯、锉、焊等金属工艺，将工件分成若干部分，分别加工，然后用焊枪焊接在一起，再用车针、锉、砂纸等方式修整造型。

手工雕蜡。手工雕蜡主要包括以下流程，看图开料—粗坯—细坯—掏底—开镶口—修整。

看图开料即根据图纸了解尺寸、原材料（石头）大小、预估蜡重等。把握重要的尺寸信息要关注产品外轮廓的高、宽、厚，手寸（戒指内径，用手寸棍量取）、戒指的宽度和厚度，尤其是戒指花头的高度和镶石位的厚度，根据石头大小和形状，开镶口位置。预估蜡重：可根据雕蜡成品的重量大致换算出铸造后相应金属的重量，以此估算金属成品的重量（蜡：银=1：10；蜡：足金=1：20；蜡：18k黄金=1：15；蜡：18K白金=1：15.5）。根据相应尺寸选取一块适合该工件的蜡料，蜡料整体尺寸要略大于成品尺寸，可以用游标卡尺、圆规等工具量取尺寸，用线锯出所需大小。

粗坯即在所开的料上用圆规、卡尺或油性笔画出主要线条，用线锯（雕蜡用麻花锯条）、吊机安装着车针或是蜡锉做出主要造型。若加工过程中不小心有缺边少角的情况，可以用电烙铁沾蜡补上，要注意控制温度。

细坯即在粗胚基础上用更小号的车针、手术刀、细锉等工具调整细节造型，并将表面修整平整。要注意蜡样尺寸比图纸尺寸大3%左右，为倒模的缩水和执模的挫损做预留。（图1-3-19、图1-3-20）

掏底的目的是减轻工件的重量，将首饰的背面、戒指的花头底部和戒指内侧根据需要用球针、牙针、钻针、手术刀等去除不必要的蜡。一般情况下，起钉镶留底厚1.1mm，凹镶留底厚0.7mm。但是掏底减轻蜡重时应当考虑整体设计的造型和审美因素，切勿为了节省用料而丧失设计的品质。

开镶口即根据原材料（石头）的大小和形状开石位。选用合适的钻针在指定石位钻孔，然后用牙针、细锉、手术刀等修整。（图1-3-21）

图1-3-19 用手术刀细修蜡模

图1-3-20 手工雕蜡效果

图1-3-21 在蜡版上开石位

修整即检查工件各个部分的造型和尺寸是否符合图纸标准和设计的需求，调整蜡重，从成本和佩戴体验的角度考虑换算成金属后的重量，一般用掏底的方式解决。总之，在造型尺寸和重量之间互相协调。

随着计算机辅助设计技术的发展，近年电脑雕蜡的应用也越来越多，即用三维软件在电脑中构建立体造型，和手工雕蜡一样，建模尺寸比图纸尺寸应大3%左右，为倒模的缩水和执模的挫损做预留。同时注意建模的尺寸与其可被喷蜡和铸造的可行性，例如棍状直径和片状厚度不小于0.5mm。把电脑画出的三维模型由雕刻机雕刻出蜡模，或由3D打印机喷出蜡模。其中3D喷蜡所用的蜡不同于手工雕刻的蜡，更加脆弱易碎，所以喷出的蜡版再用手工方式修整难度较大。

有时候为了保证造版的质量和效率，一件完整的银版需要三者的有机结合：一般先由手工雕蜡版或电脑雕蜡版制作产品主体部分，然后由手作银版对其进行修整，而且在电脑3D建模日益普及的情况下，手工雕蜡版的方式用得越来越少。

手工雕蜡版、电脑雕蜡版、手作银版的优缺点对照表

种类	手工雕蜡	电脑雕蜡	手作银版
优点	制版速度快，雕蜡过程修改容易，适合做曲线、曲面等复杂造型，工具损耗较小	制版速度快，制作镶口精度高，造型调整方便，尺寸标准精确，重量预估准确	准确度高，制作镶口精度高，质量好，金属效果直观
不足之处	精细程度相对低，尤其制作爪钉镶口困难	受目前软件局限，制作复杂的曲线与曲面造型对建模技术要求高、难度大	制版速度慢，修改不便，焊接位处理不便，工具损耗与银耗大

② **铸造**

铸造环节的目的是将蜡板铸造成银质的工件，对其进行执模，作为第一件银版。然后将银版通过压胶模注蜡的方式得到用于批量的蜡模，再对批量的蜡模进行铸造。

总的来说失蜡铸造的流程包括：压制胶模—开胶模—注蜡—修整蜡模—种蜡树（一称重）—灌石膏筒—融蜡烘模—熔金、浇铸—炸石膏—冲洗、酸洗、清洗、剪毛坯。

压胶模。 将用于批量的金属首版（银版）的合适位置焊上水口，以便作为浇铸金属液的流入通道，用生硅胶包裹，加温加压产生硫化，压制成硅胶模具。（图1-3-22）

开胶模。 用手术刀按一定顺序割开胶模，取出银版，得到中空胶模。开胶模的好坏直接影响蜡模和金属毛坯的质量，通常采用四角相互吻合定位，四角之间的部分采用曲线切割，以呈起伏山状为佳，尽量不要直线平面切割。（图1-3-23）

注蜡。 一般用注蜡机，一般用蓝色的模型石蜡向中空的胶模注蜡，注意蜡温（熔点60℃左右）、压力以及胶模的压紧程度，凝固后取出蜡模。为了便于取出蜡模，胶模要保持清洁，使用过的蜡模及时喷洒脱蜡剂或滑石粉。（图1-3-24）

修整蜡模。 注蜡后的蜡模一般都会有小的瑕疵如飞边、夹痕、断爪、砂眼、变形、造型不清晰，应用手术刀、电烙铁、滴蜡针等工具进行修整。其中变形可以在40-50℃热水中进行校正，一般情况下戒指的手寸大小也可以在这个环节调整。最后用蘸酒精的棉花清除蜡模上的多余残留。

图1-3-22　带着水口的银版

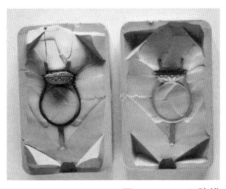
图1-3-23　开胶模

图1-3-24　注蜡后得到的蜡模

图1-3-25　种蜡树

图1-3-26　浇铸

图1-3-27　炸洗石膏

种蜡树。修整好的蜡模按照一定的顺序，用焊蜡器沿圆周方向依次分层地焊接在一根蜡棒上，关键是蜡模之间不能接触，至少保留2mm间隙，并与石膏筒壁最少保留5mm间隙，与筒底保持10mm左右的距离。蜡树"种"在圆形橡胶底盘上。种蜡树要注意避免厚件和薄件混杂在一起，导致铸造时金属溶液不容易均匀流入，并应根据蜡模造型选择与蜡棒之间恰当的倾斜角度，保证金属液能充分流入。（图1-3-25）

灌石膏筒。不同配比的石膏铸粉与水配比制作的石膏浆用于不同金属溶液的铸造，将蜡树灌注石膏浆，进行抽真空，将石膏浆中的空气气泡抽出，待硬化后再加热脱蜡。

脱蜡与烘模。蒸汽加热脱蜡的方式或直接放入焙烧炉将铸坯内的蜡融化。脱蜡后的铸坯经过高温烧结，得到所需要的强度，并使铸坯内形成各种模型的空腔。

铸造。铸造分为熔炼和浇铸，将融化的金属用离心机、吸索机利用正负压，将金属液注入腔体。（图1-3-26）

炸石膏、冲洗铸粉。冷却后将石膏模具放入冷水炸洗，取出铸件清洗后用剪钳将工件从柱状形态上从水口处剪断，再进行执模、镶嵌、电镀等表面处理。（图1-3-27）

③ 执模

执模是对倒模（铸造）的首饰坯件用手工艺与设备方式进行整形、打磨、抛光，是首饰最终造型的决定性阶段。需要用到多种多样的工具。主要包含下工艺流程：锉水口—整形—打磨—抛光—除蜡—刻字印等。

锉水口。用线锯、钢锉或砂轮机将工件进行平整处理，消除水口在工件上的痕迹。

整形。利用车针、戒指铁、方铁、铁砧、各类首饰钳、胶锤和铁锤等对工件的造型、边角等地方通过锤敲和弯折的方式整形，让造型规整利索，为下一步砂纸的打磨打下基础。不同类型的首饰造型用不同的方法和工具。

打磨。用砂纸去除锉、车针等粗工具在整形时留下的痕迹，使工件表面更加光滑。

抛光。抛光是在打磨之后通过抛光设备让金属工件的表面得到从微亮到高反光度等各种光泽。根据设计所需而定。

④ 镶嵌

在配石工序完成后，镶嵌时需要利用火漆将工件固定在火漆柄上，为了便于把持和操作。常见的镶嵌方式有包镶、爪镶、轨道镶、卡镶、凹镶、起钉镶、无边镶等，其镶嵌结构和原理如下。

包镶。用金属薄片作边将钻石腰部以下部分包裹起来，并封在金属托架之内。镶嵌的宝石和包边之间没有空隙，包边要均匀流畅，沟缘平整光滑，摸起来没有突兀刺手的地方。传统风格、较为含蓄稳重的设计多会选择包镶这种方式。（图1-3-28）

爪镶。以细长的贵金属镶爪"抓住"钻石；常见四爪镶或六爪镶。爪的大小一致、间隔均匀，宝石台面水平并无倾斜。（图1-3-29）

凹镶。又称埋镶，宝石陷入环形金属碗状凹陷内，宝石顶部与金属表面平齐，边部由金属包裹嵌紧。宝石的外围有一下陷的金属环边。（图1-3-30）

起钉镶。是利用金属的延展性，直接在首饰镶口边缘的金属部分，铲出几个钉头，再挤压钉头，来卡住宝石的镶嵌方法。钉镶法起的钉往往都较小，所以通常适合小于3毫米的宝石镶嵌。钉镶多用于群镶首饰或为豪华款作点缀的宝石镶嵌。（图1-3-31）

轨道镶。仅利用金属卡槽卡住宝石腰部两边，此法镶嵌的多颗钻石需口径相同、大小一致。（图1-3-32）

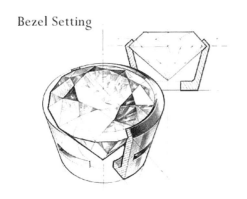

图1-3-28　包镶结构

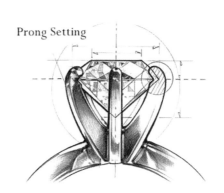

图1-3-29　爪镶结构

图1-3-30　凹镶效果

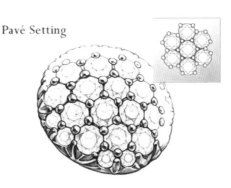

图1-3-31　起钉镶结构

Channel Setting

Tension Setting

图1-3-32　轨道镶结构　　　　　图1-3-33　卡镶结构　　　　　图1-3-34　无边镶效果

卡镶。又叫张力镶，利用金属的张力向内挤压来固定钻石腰部。要求用于卡住石头的金属部分厚度足够，有足够张力，不易变形，并适合较大颗高品质的钻石、红蓝宝等硬度较高不易脆裂的宝石。这种方式对宝石和金属要求高，能让宝石最大程度暴露在外，充分展现宝石的光泽色彩。（图1-3-33）

无边镶。珠宝的宝石正面完全看不到任何金属爪、支架或底座，所以也叫"隐秘式镶嵌法"。它从宝石边的腰边下方磨一道细小的凹槽，通过相互的拼接和亭部以及冠部的拼凑，而不是通过爪子或卡槽去镶嵌在首饰表面。（图1-3-34）

⑤ 表面处理
镶嵌工序完成后，一件首饰的制作便基本完成，最后是表面处理的环节，大致介绍几种行业中常用的首饰表面处理方式。

清理火漆。镶石完成后通过加热将工件取下，会有火漆残余，可以放入天那水或酒精浸泡溶解；执边。使镶嵌后的工件表面恢复到光滑柔顺的状态；铲边则是在包镶、轨道镶、凹镶后将工件金边内部用铲刀铲平整，使内边线条流畅。

除蜡。在工件用抛光蜡进行抛光后，用超声波清洗机，按照1：30的比例加入除蜡水和清水，使水温达到60℃，利用超声波原理可以清除工件表面残留的抛光蜡和其他污垢，达到首饰产品洁净出货的状态。

喷砂。在首饰被抛光后，利用空气高压将石英砂或河砂对首饰的表面全部或局部喷射，使之形成细致的磨砂面，喷砂处理后可以让饰品表面呈现细腻或粗糙的表面肌理。

电镀。它既起到保护首饰金属表面的作用，又可使金属首饰表面更加美观。主要可以电白、电黄，以镀金为例，是将需要电镀材料浸在氰化金钾溶液中作为阴极，金属金板作为阳极，接通直流电源后，在需要电镀的材料上就会沉积出金的镀层。依照此方式用电解方法沉积镀层的过程即称之为电镀。随着技术发展还可以电镀其他颜色。

（3）综合的制作
今天的首饰创作和实践的方法日益多样化。不仅紧密关联着视觉艺术创作方法的运用，如视觉形象的提炼、想象和转化，也涉及其他人文学科如文学、语言学、社会学、历史学甚至哲学的分析和研究方法，使得设计师的艺术实践能力和深层次的分析能力得到综合提升。

首饰设计的执行手段也日益综合。因为有明确设计目标或创作观念，所以设计师和创作者不拘泥于某种单一的设计手段进行工作（例如过去单一的工作路径绘制图稿—起版—调整—批量生产）。从个人工作坊式的手工制作方式（如传统手工艺的各个门类）到与珠宝工业化流程化生产模式的对接，再到更加跨领域、与计算机等其他智能应用技术结合，甚至是更加宽泛地应用综合手段，如行为、影像、绘画、装置、空间环境等，所有的手段都是为设计目标和创作观念服务，体现的是设计师对综合手段游刃有余的应用能力。

2. 软件技能

出色的首饰设计师可以通过以下几款软件的使用，满足首饰造型结构的线稿呈现、首饰作品照片的处理，将图文编排成所需的产品手册或宣传画册卡片、海报等环节。

（1）二维制图软件

Photoshop，又称PS，主要处理以像素构成的数字图像。Photoshop的专长在于图像处理加工，而不是图形创作。图像处理是对已有的位图图像进行编辑加工以及运用一些特殊效果。该软件常用到的功能是图像编辑、图像合成、校色调色等。图像编辑是图像处理的基础，可以对图像做各种变换如放大、缩小、旋转、倾斜、镜像、透视等；也可进行复制、去除斑点、修补、修饰图像的残损等。图像合成则是将几幅图像通过图层操作、工具应用合成完整的、传达明确意义的图像，该软件提供的绘图工具让图像与创意很好地融合。校色调色可方便快捷地对图像的颜色进行明暗、色偏的调整和校正。

Adobe Illustrator，又称AI，一款矢量图形处理工具，该软件主要应用于印刷出版、海报书籍排版、专业插画、多媒体图像处理和互联网页面的制作等，便于用高精度线稿的方式呈现首饰设计的造型与结构、三视图等。其中常运用到钢笔工具的方法，通过"钢笔工具"设定"锚点"和"方向线"实现。另外，这类矢量软件可以对已经处理好的图像和文字进行编排，用于制作单张的名片、宣传卡片、海报等，非常便捷高效。

InDesign，简称ID，是一个定位于专业排版领域的设计软件，为杂志、书籍、册页等页面较多、需要装订等需求提供了一系列更完善的排版功能，能把已处理好的文字、图像图形通过赏心悦目的安排，以达到突出主题的效果，形成较好的阅读逻辑。可用于首饰产品或艺术作品的手册或宣传画册的编排。

（2）三维制图软件

Rhino是基于三维模型建构的一款设计软件，在首饰领域主要在四个方面得以应用。

首先，它可以快速地建造立体造型，形成最初的立体视觉效果。其建模原理主要是通过"线生面"这样一种建构思路，在三维空间布线形成面，再由面生成体，对于设计师来说可以快速实现流线曲面造型的建构。

其次，它可以配合Keyshot等渲染软件进行材质的渲染，达到材质和结构较为真实的效果。针对首饰设计，可以在模型分层的情况下，将不同宝石和金属材质以及相关的首饰材料赋予各个实体图层，甚至可以调节背景和环境的颜色和灯光效果，从而得到一张效果逼真的图片。甚至可以结合其他平面软件如Photoshop进行二次编辑，使图片更加接近设计师的预想效果。（图1-3-35、图1-3-36）

图1-3-35　建模效果　武弘扬作品

图1-3-36　建模效果　程亚西作品

第三，基于Rhino的相关插件的应用可以直接进行首饰加工生产，比如与3D打印技术结合进行蜡模型的输出，或是树脂尼龙甚至金属等工业材料的输出。这里主要是将完全封闭成体的模型在Rhino中转化为STL格式，也就是立体成型的格式，将文件输入于首饰喷蜡机或者工业生产常用的树脂打印机，进行实物的输出（图1-3-37至图1-3-39）。Rhino有很多插件如Rhino gold，Matrix等为首饰设计师提供了很多首饰的模版，包括戒指托和宝石镶口，我们只需调节模版的某些数据，比如戒指厚度、宽度、断面形状或者宝石镶嵌爪的大小形状（图1-3-40）即可快速形

成想要的首饰结构配件。这种插件利用数据，可以较快速、精准地批量化生产首饰，也可让首饰的各个零部件分别输出然后进行组装，从而达到精确化和标准化。（图1-3-41）

第四，基于某些插件的功能还可以进行参数化的设计和输出，使造型在变量的控制下用数学计算进行形态设计。（图1-3-42）。这里针对Rhino的另一插件叫Grasshopper，很多建筑设计师运用它通过公式有控制并有逻辑地随机输出形态。首饰设计运用中，我们可以将它作为如同珠宝插件一样的工具进行使用，

图1-3-37　3D打印树脂

图1-3-38　3D打印树脂

图1-3-39　3D打印树脂模型

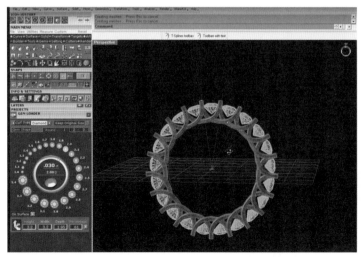

图1-3-40　运用Rhino设计的珠宝能更有效率地调整模型

图1-3-41　于清源作品　指导教师：刘洋

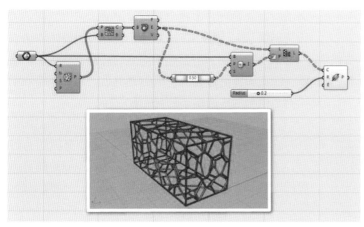

图1-3-42　参数化生成形态

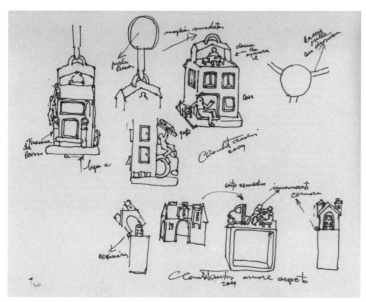

图1-3-43　创意草图 以建筑与景观为题材 Claudio Tacchi 法国

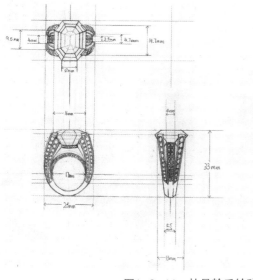

图1-3-44　林易翰手绘稿　指导教师：宫婷

同时也可以更大胆地在首饰造型上运用基于数学原理设计形态的输出法则。当然，任何一门技术都是辅助工具，辅助艺术家和设计师们的创作。

3. 手绘技能

手绘效果图在珠宝行业中是历史沿袭下来最常用的设计表达方式，对首饰的加工制作起到指导作用，珠宝工匠们能通过手绘图获得首饰的造型、尺寸、结构、配石、颜色等直观效果。而在计算机软件辅助制图手段日益普及的今天，这种手工的、慢节奏的绘图不仅是生产制作时的信息说明，更具有了艺术创作的属性，是设计师艺术智慧和风格的显现，是理性设计和感性表达的融合，结合设计师的签名，富有艺术作品的价值和内涵，从而更加突出珠宝首饰的人文艺术价值。所以到今天，那些沿袭百余年的国际知名珠宝首饰品牌中仍保留着传统手工绘制设计图纸的方式，极富收藏价值。

（1）创意草图、工程图与效果图
首饰设计的手绘有别于纯粹的绘画，不可以完全天马行空地自由发挥，它与首饰的设计生产制作工艺环节密不可分，要求对首饰的材料、工艺、结构、加工流程非常了解。不同类型的手绘稿有不同的作用，可分为创意草图、工程图、效果图三类。创意草图是设计灵感的捕捉和构思的草拟，是设计理念和风格的基调确立，不限画材和表现方式（图1-3-43）；工程图是首饰制作环节的明确指导与信息来源，以工匠师傅能看懂、能制作为标准，是设计师与工匠师傅沟通对接制作的重要途径，常用三视图的方式体现，白纸黑笔勾画，以线的粗细区分不同部位的结构，强调信息详尽、数据准确（图1-3-44）；效果图是首饰造型、色彩、体量、材质的整体效果，可运用水彩、水粉、马克笔、卡纸等多种画材，重在艺术美感和极尽真

图1-3-45　宝诗龙品牌　　图1-3-46　梵克雅宝　花园系
手绘稿　　　　　　　　　　列手绘稿

图1-3-47　卡地亚品牌　手绘稿

之前，有必要针对金属、宝石、镶嵌工艺这三部分进行分别练习，了解特征、原理和规律，为整体综合表现打下扎实基础。基础元素的练习需建立在对首饰材质特性和首饰制作工艺了解的基础上，尤其是镶嵌工艺的结构与形式决定了制图的专业性。

针对金属材质的手绘练习，金属的质地有其固有特点，如明暗对比度大，高光鲜明，根据不同金属色泽要把握色相、纯度与明度的关系；遵循"明暗交界、高光、反光、亮部、暗部、中间调"等光线规律来表现相应的金属光泽。

宝石主要有素面和刻面宝石之分，不同宝石的色相、透明度、光泽都不相同，透明或半透明的宝石光线从某个角度进入有相应的折射和反光，不透明的宝石如珍珠珊瑚等，要注意材料的质感和光泽温润程度，需要多观察勤练习，用不同的手绘技法来表现（图1-3-48）。对不同宝石材料的写生和对优秀手绘稿的临摹是提升手绘能力的有效办法。针对工艺部分，重点表现工艺的特征，需要了解工艺的方式和特点。基础元素的练习是必要且重要的，通过对细节的精准表现，能使手绘表达更加准确和专业，避免凭空想象而导致图纸没有可实施性。

（3）整体综合表现
相对基础练习来说，整体综合表现相当于整合所有想要表现的基础元素，将整幅画面调配得和谐统一。在综合表现中，要考虑设计的整体效果，包括画面构图、色彩搭配、层次渲染三个方面。这一阶段中，较好的绘画功底会在画面上表现出相对优势，设计可以来自于想象，但对于调和多种金属、宝石色彩的能力还是需要一定程度的绘画练习和色彩感受力。构图采用基本居中且能展示全部造型的方式。项链、耳环、手链、吊坠适合用正视图排布法这种常规构图。戒指相对而言有时需要展示多角度的效果，适合三视图的构图排布方法。色彩的和谐搭配练习包括对不同底色的卡纸与珠宝的色调把握、主石配石的颜色配搭等。层次渲染主要练习珠宝阴影部分的处理方法，增加画面逼真的立体效果。（图1-3-49至图1-3-52）

实，画面表现可以带有设计师的独特风格。（图1-3-45至图1-3-47）

（2）宝石、金属和结构的光影与质感表现
绘制一幅成熟的首饰效果图，其本质无异于一件首饰的制作，要对珠宝的材质、结构、工艺有充分的掌握。以高级珠宝为例，一般由金属和宝石材质组成，通过一定的结构和工艺制成，所以在绘制整体效果图

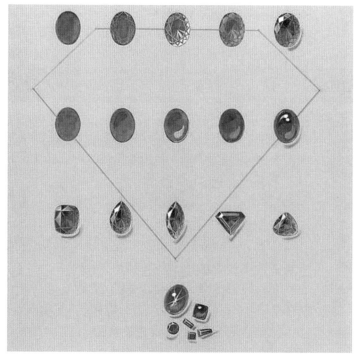

图1-3-48　单个宝石质感的表现

图1-3-49　张晗手绘稿1　指导教师：宫婷

图1-3-50　张晗手绘稿2
指导教师：宫婷

图1-3-51　王书楠手绘稿
指导教师：宫婷

图1-3-52　朱昱霄手绘稿
指导教师：宫婷

4. 综合媒介运用

当"首饰"一词成为有关社会、历史、文化、身份的抽象概念时，"首饰"则变成一个话题可供艺术家进行讨论和批判，艺术家的思考和呈现的创作则不一定是以具体的首饰为唯一形式。他们可以用任何可能的艺术媒介和手段来呈现自己的观点和态度。手段是丰富的，没有规则与限定，重要的是尝试与实验，把对事物最敏锐的感受力和洞察力用艺术的方式呈现出来。如果想在这方面加以尝试和实践，应当多关注近20世纪以来尤其是"二战"后艺术所探讨的问题以及产生的各种艺术形式，拓展自身对艺术和文化的理解和认知，有助于加深对首饰及相关事物的理解。

（1）影像

影像艺术包含的范畴有流动影像、静态的图片以及利用新媒体产生的视觉图像。摄像是借助人眼的视觉残留原理，使观众看到与现实生活中活动实体几乎完全一样的活动图像，可以逼真地再现被摄对象的体积、色彩、明暗、质地、轮廓、形态、动作，因此摄像具有如实纪录现实的功能。这一功能经常用于信息的传播（新闻）、知识的传授，记录珍贵的资料和历史文献以及家庭娱乐等。摄影和电视乃至电影胶片都被从流行文化改造成艺术创作媒介。摄影本来是记录性和纪念性的工具，而艺术家则从中抽离出了摆拍和拼贴的技术手法，结合图像本身的客观性，将其发展成为独特的个人叙述方式。

（2）装置

装置艺术，通常是指艺术家在特定的时空环境里，将人类日常生活中的已消费或未消费过的物质文化实体进行艺术性选择，对这些现成品利用、改造、组合，令其演绎出具有一定观念和文化意蕴的艺术形态。简单地讲，装置艺术就是"场地+材料+情感"的综合展示艺术。

由于装置艺术中包含众多的艺术门类以及众多实物的非逻辑、非再现陈列，它们之间的张力构成了无穷大的观念"排列组合"关系。装置艺术是可变的艺术，艺术家既可以在展览期间改变组合，也可在异地展览时，增减或重新组合。因此它们本身的意义也在不断变化。一般说来，装置艺术供短期展览，不是供收藏的艺术。

装置艺术通过其互动性和参与性能使观众置身其中。观众介入和参与是装置艺术不可分割的一部分，可以引导观众除了积极思维和肢体介入外，还要使用它所有的感官：包括视觉、听觉、触觉、嗅觉，甚至味觉。可以说装置艺术是人们生活经验的延伸。装置艺术不受艺术门类的限制，它自由地综合使用绘画、雕塑、建筑、音乐、戏剧、诗歌、散文、电影、电视、录音、录像、摄影等任何能够使用的手段。可以说装置艺术是一种开放的艺术手段。

（3）行为与表演

行为艺术是经艺术家精心策划并亲身投入而推出行为或事件，并通过与人交流，一步步发展形成结果的过程。我们定义这个事件或过程为行为艺术。是以特定的环境和含义为依托而进行艺术创造活动的艺术形态。行为艺术相较于注重艺术行为结果留存的架上绘画、传统雕塑等艺术形式，它更是强调、注重艺术家行为过程的意义，是典型的具有表演性特征的过程艺术形态。（图1-3-53）。行为艺术家以自己特有的艺术创造行为过程展示，把传统艺术从高不可攀的、精英文化的神圣殿堂，摆放到了普通观众心目中"不过如此"的"平淡"状态。尤其在有的作品中，是由艺术家与一般观众共同完成的，消解了艺术家与观众之间的心理距离。增强了观者对艺术创作行为的认同感，同时，行为艺术强调的是行为过程，这在客观上，就把艺术注重行为结果的单一视域拓展到了充分认识、注重艺术行为过程的领域。从而有助于人们完整地认识人类艺术整体行为，合乎艺术规律性和目的性的发展运动。此外，行为艺术具有平凡中的艺术深刻性特征。

图1-3-53　阿布拉莫维奇、乌雷　《潜能》　行为艺术
1980年

（4）新媒体

新媒体艺术是一种以光学媒介和电子媒介为基本语言的新艺术学科门类，它建立在数字技术的核心基础上，也称数字艺术。新媒体艺术的范畴具有"与时俱进"的特点，眼下它主要是指那些利用录像、计算机、网络、数字技术以及智能技术等最新科技成果作为创作媒介的艺术品。

相对于艺术的传统以及它所形成的封闭性特征，人们似乎更容易接受科学的新发现与新尝试。新媒体艺术最鲜明的特质为连结性与互动性。新媒体艺术的体验需要经过五个阶段：连接、融入、互动、转化、出现。首先必须连接，并全身融入其中（而非仅仅在远距离观看），与系统和他人产生互动，这将导致作品与意识转化，最后出现全新的影像、关系、思维与经验。人们一般说的新媒体艺术，主要是指电路传输和结合计算机的创作。然而，以硅晶和电子为基础的媒体，与生物学系统以及源自于分子科学与基因学的概念相融合。最新颖的新媒体艺术将是"干性"硅晶计算机科学和"湿性"生物学的结合。这种刚刚崛起的新媒体艺术被罗伊·阿斯科特称之为"湿媒体"（MOIST MEDIA）。

新媒体艺术的表现形式很多，但它们的共通点只有一个，即使用者经由和作品之间的直接互动，参与改变作品的影像、造型甚至意义。它们以不同的方式来引发作品的转化——触摸、空间移动、发声等。不论与作品之间的接口为键盘、鼠标、灯光或声音感应器，抑或其他更复杂精密、甚至是看不见的"板机"，欣赏者与作品之间的关系主要还是互动。连接性乃是超越时空的藩篱，将全球各地的人联系在一起。在这些网络空间中，使用者可以随时扮演各种不同的身份，搜寻远方的数据库、信息档案，了解异国文化，产生新的社群。

第二章

当代首饰设计实训

第一节 基础练习

1. 课程简介

该部分是首饰设计方法的基础练习，要求学生具备一定的首饰制作加工能力，并在此前提下进行创造性思维训练。通过一系列具体的实践环节、阅读思考分析、师生讨论等方式达到该阶段要求的艺术素质和能力。这个阶段并不强调是否做出具体的首饰作品，而是锻炼学生的对信息的分析梳理能力、物质材料的审美感受力，培养动手实操的能力以及善于挖掘物象内涵和意义的能力。

（1）课程内容
课程内容由若干个练习环节组成，分别为"整理术"、材料的互文性、材质与意义、"项链"的联想。每个练习有具体明确的操作步骤，可以跟随步骤循序渐进地深入，同时在具体环节中保证每个人有自由尝试和实验的空间，尊重个体的个性和特质，尽可能避免机械、教条的流程，使每个人在练习中找到自己的兴趣点，充分将自己的个性与兴趣专业化地呈现。

（2）教学目标
通过一系列单元练习训练提升学生：①对不同物质、材料、媒介的深层体验和感受力；②拓展视觉审美的包容性和敏锐准确的判断能力；③对事物内涵拓展和挖掘的能力；④根据表达需求对物质材料有基本制作加工能力；⑤对设计原材料的分析和处理能力。

（3）重点和难点
对制作可能性的挖掘。 在各个练习中充分接触各种材质与物件，体会其视觉特征和审美潜力，并且在施以加工和制作的过程中体会材料的物理化学特性，挖掘其可加工性，如果可以，彻头彻尾地改变其原有面貌也是值得肯定的。试图将造型和审美规律有意识地应用到操作实践中，但不一定拘泥于既有程式，鼓励探索新的视觉可能。

对意义的挖掘。 重视视觉材料内涵和引申意义的挖掘，重视共情和移情的作用。课外阅读与调研给自己带来的点滴思考，都将可能成为主题诞生的引线。

对其他学科理论的综合理解和运用。其他领域的理论和经验在某些方面与视觉艺术有着紧密联系，练习中除了应用视觉艺术本身的理论和规律，应该积极开展相关阅读和积累，为日后能够更深入和广泛展开艺术设计工作打下宽厚的基础。

（4）作业要求
按照每个练习的操作步骤进行，不要求所谓的"完成的"作品，但是要通过速写、拍照等方式二维或三维地仔细记录并体会实践过程中产生的视觉可能性，实物和图像同时呈现，都要求具有一定的视觉品质。

2. 作品与案例

（1）艺术家作品分析
当代首饰设计的方法与逻辑深受20世纪以来艺术发展思潮和观念的影响，今天的首饰设计师要具备综合设计能力和艺术素质，就必须了解近百年来艺术领域中的各种观点和方法，为自身艺术语言的探索和推导提供智力支持。以下案例呈现几位代表艺术家在不同历史时期对艺术形式与观念的探索，我们可从中体会创造性工作中质疑、批判、思辨以及实验精神的重要性。

① 彼埃·蒙德里安（Piet Cornelies Mondrian，1872－1944）
在蒙德里安的绘画中所强调的"纯粹实在"和"纯粹造型"，可以说概括了其终身追求。对他来说，造型表现手法简单，意味着形状和色彩的行为统一。他认为，"抒情的、描绘的或歌颂的美是一种游戏或逃避，它所描绘的美与和谐是一种观念的理想。人类的生活，虽然经常屈服于时间和不协调之下，但仍然建基于平衡之上。"若把这一理论具体化，即在造型艺术中，只能通过形状和色彩的动势平衡来表达"纯粹实在"。（图2-1-1）

他的画面中树木或房屋几乎全是用线来构成，形象痕迹消失，留下的只是线条的迷宫，通过骨架显示出来的一种高度分析的状态（图2-1-2至图2-1-4）。他在《造型艺术与纯粹造型艺术》一文中说："我感到'纯粹实在'只能通过纯粹造型来表达，而这纯粹造型在本质上是不应该受到主观感情和表象的制约的……"

蒙德里安的风格在后来的家具设计、装饰艺术以及"国际主义风格"的建筑设计上，得到了充分的发挥。事实上，"风格派"成员中不少力求革新的建筑家们，在蒙德里安的理论影响下作出了新的探索。

② 马塞尔·杜尚（Marcel Duchamp，1887－1968）

杜尚对西方20世纪现代艺术，尤其是第二次世界大战之后的西方艺术具有强大的影响。了解杜尚是了解西方现代艺术的关键。他认为创作行为并非艺术家的个人展示，观众本身也带动了艺术与外在世界的接触并阐释其内在精神性，在创作行为中同样参与和贡献力量。杜尚表示他更有兴趣于观念——绝非仅仅是视觉成果，艺术应当被认为是"理性的"和"文学性的"艺术，因此，他一直试图建立自己的特点，而尽可能远离仅仅使人愉悦的物理性作品。

他愿意将自己的作品叫做"东西"，称自己是"做东西"的人。他在晚年的访谈录中说道：对现成品的选择从来就不是依据什么审美原则，有时候甚至是故意去违背现存审美原则和标准。它们是以视觉的"无所反应"为基础的，不讲任何高雅或者粗俗的审美情趣。偶尔写在现成品上的短句，也不是作品的标题，而是一种"把观者的思想带到受文字支配的领域中去"的媒介。

杜尚说现成品可以是艺术品，相反，艺术品也可以成为日常用品，可以把伦勃朗（Rembrandt）的画拿来当烫衣板。人们一般认为艺术品的最大特点之一是"独创性"，是一种特别的、唯一的东西，但是杜尚说："在传统意义上讲，现今存在的几乎每一件现成物体都不是原物，因为艺术家使用的一管管颜料都是机器制造的，都是现成的产品，所以我们必须断定，世界上所有的绘画作品都是"现成物像的辅助，它们都缺乏原创性"。

1917年，他在达·芬奇的名作《蒙娜丽莎》上，用铅笔画上山羊胡子，并且在下面写上"L.H.O.O.Q."（读作Elleachaudaucul，意为"她的屁股热烘烘"）。

（图2-1-5）这一对待"经典名作"的态度立刻遭到了传统艺术卫道士们的大力抨击。然而，杜尚提出的问题是，为什么我们不可以换一个角度来看"大师"和权威？如果我们永远把"大师"和权威压在自己头上，我们个人的精神就永远都会受到"高贵"的奴役。

作品《泉》对现成品的使用是想挑战传统的美学，对艺术价值的判断不在于作品显示了怎样的自身价值，而在于艺术家选择什么对象呈现给观众，物件成为了非欣赏的对象而仅仅是引起思索的媒介。杜尚的现成品构成了从外表到观念的变化，深刻影响后来的观念艺术的基本教义，即艺术家通过意义进行工作而非形状、颜色或材质。（图2-1-6）

③ 路易丝·布尔乔亚（Louise Bourgeois，1911－2010）

路易丝·布尔乔亚1911年生于法国巴黎，以接近超现实主义的方式进行绘画和版画创作，后来又尝试雕塑。她创作的雕塑充满了原始感、激情、睿智，并带有强烈的女性意识。她的作品充满了象征意义。母亲的缝纫机与针线、女性的贴身内衣裤或是男性的身体都成为她创作中不可或缺的元素，她说："藉由象征，人们可以有更深层的意识性沟通。"她将自己丰富的内心情感用完全个人的方式表达，展现出来的却是人类的欲望和疏离、死亡与恐惧，所以在她的装置空间里，我们可以感受到病态的沮丧和排解这种沮丧的幽默感。（图2-1-7）

她的一些雕塑利用连串成组的方式呈现一些黑、白色的抽象形体，强烈的抛光的形式放在粗糙的基座上，有一种奇怪的几乎神秘的效果（《黑色进行曲》1970），她用乳胶和石头，创造一系列独特的幻想，描述的洞穴似的环境，有着奇异的钟乳石和巨石的形状，泡状物由隐而显，仿佛从粗糙胚胎体生成的过程。（图2-1-8）

布尔乔亚自始至终关注的是在充满争斗的世界中需要保护的人。这种保护意识往往被演绎成庇护场所或家。例如她1991年至2008年创作的"密室"（Cells）系列。这一系列雕塑作品，每间密室都代表着不同形式的痛苦与恐惧。她不断地以新的材质与形式发展自己的艺术语言，人体雕塑转化成如同建筑或仅是简单

图2-1-1 蒙德里安 《百老汇爵士乐》 1942年

图2-1-2 蒙德里安对树的分析1

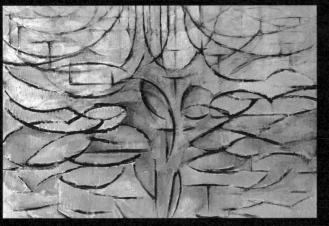

图2-1-3 蒙德里安对树的分析2

图2-1-4 蒙德里安对树的分析3

图2-1-5 杜尚 《在蒙娜丽莎的脸上画上

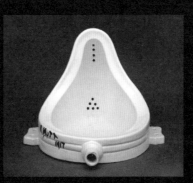

图2-1-6 杜尚 《泉》 1917

图2-1-8 布尔乔亚 《重访阿温扎》 1969

图2-1-7 布尔乔亚 《母亲》 钢、大理石 1999

的几何图形，有时甚至只是抽象的形态。（图2-1-9、图2-1-10）

（2）优秀学生作品

① "符咒"

作者愿意寻找新鲜有趣的材料来启发她的创作，她利用魔术表演中的道具魔术纸的特性与自己的创作概念相结合。魔术纸又称火纸，由于经过浓硫酸和浓硝酸的处理使得原本的纸遇火后迅速燃烧，火光异常强烈，烧完后但却不留下任何灰烬。作品火纸烧完后里面流露出的骨架是她自己"创造"出来的"符咒"。以此比喻她对与古代鬼神观、迷信观念的体会：能产生耀眼的视觉和心理力量，过后却充盈着虚无、脆弱

和盲目感。（图2-1-11至图2-1-13）

② "茶"

将首饰加工制作中最稀松平常的材料紫铜进行加工和实验，利用紫铜的物理特性，在反复退火与锤揲中挑战金属的极限，细心保留和推敲金属的氧化层和不同光泽，挖掘其视觉可能性。在动手实践过程中积极思考视觉与意涵的联系，最终作品试图体现茶道文化中和敬清寂的精神状态。一方面，金属的肌理和形态模仿古代茶饼的视觉形式，另一方面，作者亲身在重复单调的劳作中体验着清寂的精神状态。（图2-1-14、图2-1-15）

图2-1-9　路易丝·布尔乔亚《下坠的女人》 1996

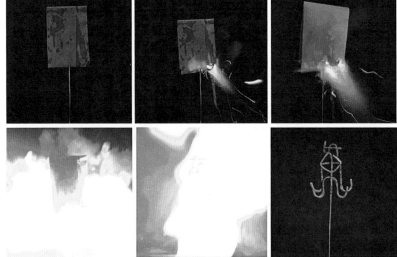

图2-1-11　"符咒"燃烧过程　李沐阳

图2-1-10　1975年布尔乔亚身着她的乳胶制雕塑《阿温扎》（1968—1969）

图2-1-12　李沐阳"符咒"1
指导教师　刘骁

图2-1-13　李沐阳"符咒"2
指导教师　刘骁

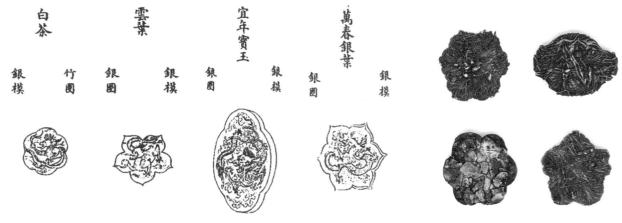

图2-1-14　崔馨宇　"茶"的视觉来源

图2-1-15　崔馨宇　"茶"
指导教师　刘晓

3. 实践步骤

（1）练习一　"整理术"

收集并分析各种物件的材料、质感、肌理、状态，通过对物件的分析和整理达到思维路径的清晰和梳理。一方面在对实体物料的实验和感受中探索视觉形式语言，另一方面在对物料不断收集、分析、判断、选择中体验创造性工作的思路推演过程。

步骤1　收集（直觉）

选择一块干净的桌面或者地面，长宽不小于90cm×60cm。在尽量短的时间内收集各种可获得的物品和材料，堆放于桌面。

要求与建议：该环节尊重自己的直觉，不预设这些材料是否能被加工，任何引发你感觉的物件都可以选择。可以想想这些物件给你的感觉——是有趣、奇怪、讨厌、排斥还是陌生？收集物件数量尽可能充足，至少能铺满整个桌面。（图2-1-16）

图2-1-16　收集物件　杨舒雯

步骤2　摆放（直觉+理性思考）

将收集来的物件通过分析判断，有选择地摆放于桌面上，形成一组完整的物件组合形态。在摆放过程中仔细思考：做出判断和选择的依据是什么。

要求与建议：观察所摆放物件的颜色、大小、光泽、质感、形态，并考虑它与周围物件之间的关系。移走不合适的物件，物件之间的组合可以从高低、大小、位置、疏密等角度思考，也可以从物件颜色的深浅、冷暖色调

的角度对其进行归类摆放。同时，将桌面的颜色和质
感当做画面底色考虑：上面的部分摆得密集，底色挡
住的就多。摆得松散，则底色留出的就多。思考摆出
的这组物件组合呈现出什么样的状态，并在不断尝试
过程中逐渐清晰整个桌面的物件组合试图呈现的状态
与特点。（图2-1-17）

图2-1-17　尝试物件之间的各种位置关系　杨舒雯

步骤3　分析（理性思考）

将摆放好的物件组合与老师或同学共同讨论，理性观察和分析目前组合呈现出何种状态和特点，列举出优点与
不足，明晰呈现的重要视觉特征，以此为目标，为下一步整理提出思路参考。

要求与建议：因为是凭直觉随意收集的物料，大量的物料便会呈现杂乱、繁多、无序的状态，所以在此情况下
一味只想着添加、组合、遮挡，试图增加"丰富性"，反而不利于对组合整体的统一把握。体会每个形态各自的
特征，推敲其组合关系，组合过程中尝试做减法，力图让组合呈现出鲜明的特征。如何做减法？并不是一味地
减少物品数量，而是利用"统一性"规律：色调、形态的动势方向，相互对齐的位置关系（在摆物件的过程中
借助版式设计中对齐的方法，协调物与物之间的关系，如：中线对齐、一侧对齐、上下对齐等）。通过对齐的方
式梳理整体形式的结构关系以及各要素之间的视觉关系。同类造型的重复划一的安排也可以增加其统一性；以
上方式可以明晰组合的秩序感，增加统一性和整体性。另外，善于利用物料的质感如哑光的、反光的，以此推
敲它与周围环境的关系。相反，从以上各个要素间寻找冲突和对比的方式则可以增加局部组合的生动性。

步骤4　整理（理性思考+感性体会）

基于步骤3的分析、讨论，将物件组合
进一步调整，不断体会、分析、推敲
"统一"与"冲突"的平衡关系，将该组
合的视觉状态调整到最佳。（图2-1-18）

要求与建议：这个环节独立进行，不要
与人交谈和讨论，保持冷静和审视的心
理状态，深入体会并作出判断。用对待
作品的心态慎重小心地对待所摆布的每
一个物件。

图2-1-18　推敲物件的位置关系，寻找
形式感　杨舒雯

步骤5 拍摄（理性思考）

用相机或者手机对所摆组合进行拍摄。拍50张，从中选择5张，有全景和局部的构图，作为视觉呈现方式。

要求与建议：用摄影方式呈现不仅仅是图像的记录，而是二次视觉创作，利用影像的语言考虑构图、视角、光影等多种因素，不仅可以从宏观上呈现整组物件，也可以选择截取各种有意思的局部（图2-1-19、图2-1-20）。以摄影为语言手段，对观察对象（物件组合）进行视觉表达，尝试突出试图强调的画面特征和情绪。

图2-1-19　截取有形式感的局部1　杨舒雯　　图2-1-20　截取有形式感的局部2　杨舒雯

以上步骤可以循环训练，在反复练习过程中会不断遇见新的问题和情况，思考并作出判断和选择，提升对物料的感受能力和组织判断能力。

（2）练习二　材料的互文性

该练习通过对实体物件和文学语言的收集、感受和判断，体会视觉语言和文字语言在意义阐释时各自媒介的特征，并利用文本理论中的互文性特点（详见知识点5"互文性与意义的生产"），体验二者在解读和阐释上的相互作用关系。发现材料的特性及审美价值，训练对日常事物内涵的挖掘和感受力。

步骤1 从第一个练习的物料组合中任选一件材料或物件，分析其特点，进行适当的改变，写下感受性的句子或关键词。

要求与建议：所选物件的材质要求可以被进行加工处理。分析其特点时需要静下心来深入体会，这个物件给你什么样的感觉？尝试用形容词进行描绘，也可以是拟人的、带有情绪状态的。例如：瘦瘦的、厚重的、忧郁的等。

步骤2 找2～3本不同作者的诗集，选择性地阅读，选择适当的诗句与所选物件进行对应，使两者之间形成相互解读和阐释的呼应关系。（图2-1-21、图2-1-22）

要求与建议：所选诗集可以风格个性差别跨度尽量大一些，并且所找的诗人应当是被广泛承认、作品有足够文学价值的。深入体会文学性语言的意涵，多尝试不同文字与所选物件的对应关系。

步骤3 根据所选文字的感受，对所选物件进行进一步的加工和改变，突出相应的特征，与所选文字进一步相呼应。

要求与建议：揣摩文字内容的意涵，以此作为指导，用能够想到的加工方式对物件进行加工处理，目的是使之更贴近文字所诠释的意象。

一个人知道自己为什么而活，就可以忍受任何一种生活。

尼采 《尼采诗集》

图2-1-21 将所选择的物件和文字对应并进行拍摄
李明心 指导教师：刘骁

香蕉皮 表现材料

冷记忆 / 让·波德里亚

空间
就是让一切不位于同一个地方的东西

语言
就是让一切不意味同一样东西的东西

图2-1-22 可以将材料处理达到满意的视觉状态再进行
拍摄 孙琦航 指导教师：刘骁

步骤4 将文字与加工过的物件并置，进行拍照记录。仔细经营文字、场景、物件三者的关系，达到良好的视觉状态。（图2-1-23）

以上步骤可以通过选择不同物件反复练习。随着练习的深入，可以自己选择并对物件进行加工和改造，再进行拍摄，不断强化画面的氛围和视觉特征。

FILM/06

图2-1-23 推敲物像、文字、图像之间的位置关系 何守一 指导教师：刘骁

（3）练习三　材质与意义

从练习二中任选一个物件和材料，对其进行深入制作，挖掘其特有的视觉特征、意义与内涵，做出一个或者一系列物件，强调其审美品质，又有相应的内涵和概念。该练习不限制尺寸，不要求是完整、具体的首饰作品，仅考察视觉形式是否能够贴切体现创作者所想表达的状态。

步骤1　从练习二中任选一个物件和材料，对其进行加工制作，做出10个物件。

要求与建议：10个物件的制作思路和方向上，一方面尽可能尝试各种加工方式，对其进行彻底改变。另一方面边做边体会材料在加工过程中呈现出何种特质和潜力，给你什么样的感受，产生了什么样的联想，为下一步深化做准备。

步骤2　从10个物件中选择其中一件或同类型（同思路）的几件，分析视觉发展潜力，并结合自己的联想，展开深入的实验和制作，提炼关键词，进一步突出其视觉审美品质与特征。（图2-1-24）

步骤3　深化制作。将深入制作的物件与老师讨论，根据其视觉潜力进一步明确设计深化目标，并进一步搜集相关的资料，展开深入的实验和制作，进一步突出其视觉审美品质与特征。（图2-1-25）

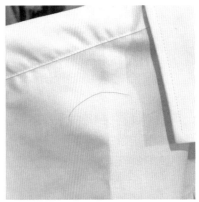

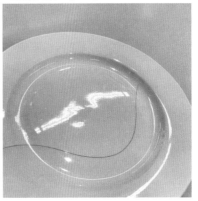

图2-1-24　选择头发为意象　王荣萱

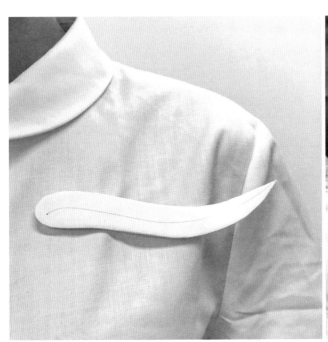

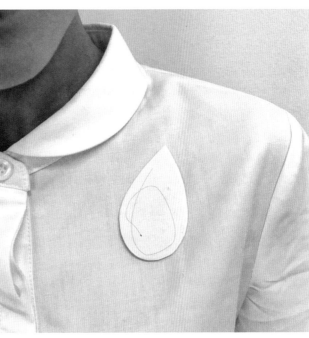

图2-1-25 《一根头发》王荣萱　指导教师：刘骁

步骤4 仔细审视自己的工作对象，揣摩推敲作品的视觉状态是否和要表达的氛围或态度相吻合，深化完善制作，进一步明晰创作的目标和标准。

步骤5 以实物和照片呈现创作过程和成果。

（4）练习四 "项链"的联想

通过提问、讨论、思考、探讨"项链"这一经典概念在不同的视角和语境中新的意义和可能性。通过实践将"方案"引发的各种可能进行碰撞和实验，这是"向内拓展——向外延伸"的双向过程，以尊重的态度对待当下正在进行的任何实践活动，在不断发问的过程中调整。最终试图在阅读与思索中形成独立的思维角度。

步骤1 调研、思考关于"项链"这一概念的各个因素，提出10个关于项链的问题，通过不断提问引发出实践的切入点。

要求和建议：所提的问题一定是带问号的问句，而不是陈述句。将每个问题都用一张A4纸打印出来。文字的呈现有助于明确过程中的所思所想。

步骤2 准备一大袋材料/物件，用找来的这些材料进行制作，以此与提问产生关联（进行回答或是讨论）。将以上10件作品和问题一一对应地进行陈列、陈述，并与大家讨论。

要求与建议：在尝试材料、工艺、色彩、形状和构造时，请大胆而细腻地尝试并加以选择，恰如其分地反映想表达的状态和概念。注意保证视觉品质和独特性。

步骤3 选择其中3～5个方案继续深入和完善，呈现对项链的思考和见解。

要求和建议：主题自拟，体现出对"项链"的独特理解，避免对传统视觉样式简单直白的挪用。表现方式多样，大胆地用物件、影像、行为、装置等任何能够让人参与体验的方式，自由、充分、贴切地表达。（图2-1-26至图2-1-28）

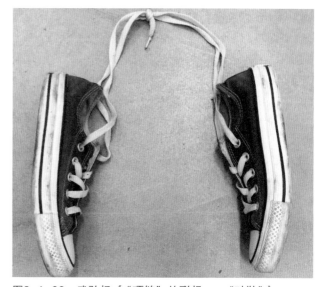

图2-1-26 武弘扬《"项链"的联想——"破鞋"》
指导教师：刘骁

图2-1-27 武弘扬《"项链"的联想——鞋印》
指导教师：刘骁

图2-1-28 张明泽《"项链"的联想——轻与重》
指导教师：刘骁

《"＿＿＿＿"的联想》练习可以根据自己的兴趣和好奇进行多种尝试:将我们司空见惯的、约定俗成的概念和观念放入空格中,进行大胆的反思、质疑和联想,并用视觉的方式来呈现思考。

4. 知识点

基础训练部分的各个环节既涉及首饰本身的制作知识经验,联系着视觉艺术的种种规律的运用,也涉及如艺术史、文本理论、摄影理论等相关知识,提升综合的艺术实践能力和深层次的理解能力。对以下知识理解越深入,基于兴趣和好奇自己探索的领域越广泛,越有助于基础训练中能力和意识的提升。

（1）形式的规律

部分 单纯从量的角度来说,整体中的任何一个局部都可以成为"部分",但是在视觉审美时,"部分"的定义必须通过结构自身去解释,有其单一性,也有部分本身的内在要素之间的联系。

组合 为了形成更鲜明、令人印象深刻的视觉状态,组合是一个有效的办法。它使部分之间的关系更加紧密,这是"相似性原理"的实际应用,各个部分在知觉性质方面有着相似性,有助于组合的亲密程度。"大小相似"和"形状相似"、明度或色彩相似、方向相似性,这些能促使某种式样的构成。（图2-1-29）

特征 能让人印象深刻的作品往往是有着鲜明特征的,法国哲学家丹纳认为,为了达到这一目标,在于把创作对象的基本特征,至少是重要特征,表现得越占主导地位越好,为此需要特别删减那些掩盖特征的东西,挑出彰显特征的部分,对特征变质的部分加以修正,对于特征消失的部分加以改造,使得一个主要特征在各个部分中居于支配一切的地位。

简化 简化是帮助突出特征的有效办法。简化有两种情况,一种是我们常说的"简单",是从量的角度考虑,组成一个整体的式样中只包含很少的几个部分,而且成分之间的关系很简单,形成简洁的视觉效果。而另一种简化,是指看上去很"简单",实际上是丰富的意义和多样化的形式组织共存在一个统一结构中。一件成熟的作品中,所有的元素都有着共性的成分,如类似的颜色、材质、形状,这种相似性是在服从创作者的"统一"力量,而达到简化之后的鲜明特征,并且属于创作者自己的世界。（图2-1-30）

秩序感 当事物的组合有着良好的秩序时,我们的感官感受到这些排列时,我们极容易把它们想象出来,一旦想象出来之后,它就容易被记住,形成鲜明的印象。若相反,我们就称这些事物是无序的、混乱的、杂乱的。秩序感的营造不是简单地将事物按单一逻辑顺序排列,而是基于各个部分各自特征进行有效的组合,使各个部分关系更加紧密。（图2-1-31）

对齐 物件在三维空间中的位置关系中利用对齐的方式可以建立起相互紧密联系的内在结构,达到形式的秩序感和统一性,乃至正整体视觉效果的鲜明性。可以利用不同物件的中心与中心、边缘与边缘、中心与边缘线进行对齐,就像是版式设计中的网格辅助、图

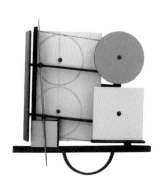

图2-1-29　Puig Cuyàs 作品　胸针
2013年

图2-1-30　Märta Marttson作品
胸针　2012年

图2-1-31　Simon Cottrell 作品 胸针 2002年

文框的对齐等关系，不仅与邻近的物件对齐，也可以同较远处的物件对齐。（图2-1-32）

冲突 艺术作品不仅仅可以通过节奏、韵律、均衡、和谐等来经营作品的主要特征，通过矛盾与冲突甚至荒诞感也能对应现代人日益挑剔的眼光。如将完全不相干的甚至对立的元素突破原有审美经验而强硬地"拼凑"到一起，体会并挖掘不协调的诸方面相融合而形成一种内在的紧张，是来自造型式样本身的视觉冲突，而作品的状态可以通过理性经营过的对立变得更加稳固可靠。

图2-1-32 版式设计中利用网格对齐建立形式感

（2）材质的审美

按物理、化学性质分类可以分为无机物材料、有机物材料和复合材料。按照视觉特征来认识材料，更多侧重于材质的视觉与触觉的心理体验，如软硬感、肌理、光滑、润泽、透明感等因素。这些产生心理体验的各个要素需要根据设计目标来有的放矢地运用。

光滑 光滑是人造物的最基本品质之一，光滑感能够微妙地反射光线，微妙地予以观者一种对色调的体验。首饰工艺中最不可或缺的环节"抛光"，不仅为了触感，更为了视觉，抛光所形成的反射和闪烁则是以更加激进的方式产生视觉吸引力。通常首饰或者其他器物会具备单色的、连绵的、圆润的表面，都是为了有助于光滑感的呈现。（图2-1-33）

图2-1-33 Noon Passama作品 项链

"润"在东方语境中常被用来评价物件的审美深度，即表面光线所产生的光泽和内在深度，表面呈现出柔软的错觉，不管材料的软和硬，润让人体验到皮肤的质感，有着一种强烈的体验，通常采用圆润的外形，从传统器物的包浆或者瓷器的釉面可以找到润的感受。

透明感 柔和的剔透的，可以让人们进入一种氛围式的体验，例如对于薄纱类材料的体验，将诗意的感受转化成转瞬即逝的自然中的颜色，半透明的颜色感尽量扩展以至于人们可以沉浸其中。或像罗兰巴特描绘的钻石的坚硬、透明无瑕和闪耀，这几个因素的综合把人的感知带入了神奇而富有诗意的境地：是绚烂的，又是冰冷锋利的，是闪耀的，同样也是寂静安详的。（图2-1-34）

图2-1-34 Ruudt Peters作品 胸针（玛瑙材质）

肌理 或者纹理，暗示着条理和秩序，如不均匀的或明显的凹凸纹理、粗粝的雕塑般的质感有独特的造型走势。它能充分地联系到感官世界，肌理的表面能激发人类沉思，是最深刻的"触动"。通常单一性的材料更能凸显肌理的触觉及视觉特征。肌理有自然形成的，也有人工所致。（图2-1-35）

对材质的探讨一定是处在视觉关系中的。每个人脑海里对不同的材质都有既定的印象，如木头就是朴素笨拙的，玻璃就是透明的，金属就是刚毅的，树脂就是关于封存的等。但新的视觉语言的磨炼恰恰不能拘泥于这些既定印

图2-1-35 Gerd Rothmann 作品 手镯

象，要突破惯性的概念化认知，对材料的情绪和真实感受应当置身于实际的操作实践中，如实地体会和它周围相关的材质、结构、质感、色彩等方方面面的因素，尊重自己的眼睛所见和内心所感。

（3）极简主义的适用性

在练习一"整理术"中，可以借鉴极简主义的态度和方法（而不是视觉风格），将所有的注意力专注于物件之间的关系、物件和空间环境的关系以及物件本身的特征，从中体验抽象的审美本身。

极简主义于1963年-1965年间受到纽约艺术界的关注，它不是一个有组织的群体或运动，却用于描述一些艺术家明显的简约几何结构，还被叫做初级结构（primary structure）、单一物体、ABC艺术，它似乎略带贬义，过分简单而缺乏艺术内容。不同于抽象主义强调的是对内在精神世界的再现，极简主义的永恒主题就是，雕塑和绘画就是物体本身，观者所见便是一切，除此之外什么都没有了，必须根据观者的感受和知觉做出客观评价，物体在正负空间的相互作用，物体和物体之间的相互作用，物体与它周围环境的相互作用。对象征、主题、隐喻这些艺术惯常的题材和手段进行否定，去除所谓的"内容"，公然明显的对多愁善感的排斥，强调统一性、秩序化、媒介的纯粹和极简、模块化重复结构的使用，让观者关注艺术作品的本质乃至功效、审美体验的本质、空间的本质，造型形式的本质（图2-1-36、图2-1-37）。极少主义代表艺术家唐纳德·贾德（Donald Judd）甚至说"实际的空间从本质上讲比画布上的颜料更有力更特殊……这种新的作品与雕塑的相似显然超过绘画，但是又更接近绘画……色彩是不重要的，雕塑中色彩也通常这样。"（图2-1-38）极简主义流派间接但是有力地影响了今天设计的方方面面，如室内设计、家具设计、平面设计、首饰设计。（图2-1-39）

（4）互文性与意义的制造

前文练习二以及练习三中关联到"互文性"概念的运用和转化，"互文性"原本属于文学理论中的概念，法国符号学家朱丽娅·克里斯蒂娃（Julia Kristeva）在其《符号学》一书中提出："任何作品的文本都像许多行文

图2-1-36 Franz Bette作品 胸针 2013年

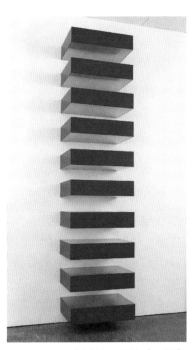

图2-1-37 唐纳德·贾德《无题》 铁 1989年

图2-1-38 罗伯特·莫里斯作品个展场景 1965年

图2-1-39 Giampaolo Babetto作品 胸针 1980年代

的镶嵌品那样构成的，任何文本都是其他文本的吸收和转化。"就像菲利普·索莱尔斯说的"每一篇文本都联系着若干篇文本，并且对这些文本起着复读、强调、浓缩、转移和深化的作用。"文本显示出来的断裂性和不确定性，每一个文本都是其他文本的镜子，每一个文本都是对其他文本的吸收与转化，形成一个潜力无限的关于隐喻的网络，它们相互参照，彼此牵连。

互文既是对作品进行阅读时的效果，也是一种文学创作手段。这种文学创作手法与视觉艺术的创作手段有诸多共同之处，如拼贴、重构、装配、蒙太奇等手法（图2-1-40），视觉形式的各个部分之间以及视觉形式、标题与文字阐释之间同样具有多重的、相互暗示的联系。互文性手法稍加联系和转化可以运用在视觉实践中，以获得更深入的视觉意涵。

引用和暗示。将一段文字已有的文字直接放入当前的文本中。两篇或几篇文本共存，是文本内容的相互吸收，以建立甚至影响和掩盖当前所存在的汇集的典籍。有特殊的排版标志，引用可以被立即识别。

图2-1-40　罗伯特·劳森伯格　作品　《冬日池塘》

仿作与戏拟。仿作者从被模仿对象处提炼出后者的手法和结构，然后加以诠释，并利用新的参照，根据自己所有给读者产生的效果，忠实地重新构造这一结构。仿作是对原文的模仿，而戏拟是对原文进行转换或扭曲，是依赖与独立性的混合，容易产生类似却矛盾的效果。仿作与戏拟属于派生原文但不再现原文，属于超文性手段，严格意义上不属于互文手法，但在此可以供借鉴。

合并与拼贴。部分或多或少的将原文纳入当前文本，以便丰富该文中资料，也可能把这些资料隐藏在文本中。起到建立、暗示、吸纳内容与意涵的作用。拼贴手法则不再合并互文，而是并置，以突出其片段性和差异性的特色。这种情况下，分离大于吸纳。以此方式文本的写作和阅读不再是通常线性的做法，关于暗示的片段被人为地重组。

第二节　主题创作

1. 课程简介

该部分是关于设计创作方法的课程。通过老师引导，学生个人建立课题研究与实践，逐步建立自己的研究方法形成具有个性的艺术面貌。

（1）课程内容
《潜观细悟——以宋为镜》以宋代历史文化的某一点为创作源起展开调研和思考，关联自身体验或当下的社会情境展开联想和互动。以综合材料实验结合金属工艺为基础展开实践，逐步形成创作方案和主题。在调研、实践、思考和讨论中将"方案"引发的各种可能性进行碰撞和实验。这是"向内拓展——向外延伸"双向的过程，以尊重的态度对待手头正在进行的任何实践活动，在不断地发问的过程中调整，逐渐明晰创作思路。试图在阅读与思索中找到独特的思维角度，在操作实践中建立自身独立的语言。

（2）教学目标
以动手实践为前提，引导学生创造性思维的深化和设计工作方法的初步建立，培养专业的首饰设计和创作的基本素质和能力。

（3）重点和难点
充分深入调研关于宋代文化的细节，细心挖掘能与当下产生关联的元素，都将可能成为主题诞生的引线。创作实践要求在概念或是视觉上与宋代文化有关联，需要体现对主题的深入理解与认识，避免对传统视觉样式简单直白的挪用。设计工作方法的探寻和归纳：从调研阶段到方案成型的过程中要有意识地梳理和归纳研究和思考过程，从探索经验中提炼出切实有效的工作方法。

（4）作业要求
实物成品：3~5件实物成品。
作品照片：单件、组合环境或模特佩戴等方式。
创作手册：从最初的调研、视觉实验和模型，到最后的摄影呈现照片，按照一定的逻辑呈现。
主题简介：50~100字的主题介绍

2. 设计案例

（1）首饰艺术作品分析
Gijs Bakker是荷兰国宝级的设计师，也是后现代主义思潮的推动者，他抛弃当时讲究精致、优雅的美学概念，进而寻求更直接、易懂的设计哲学，甚至利用大量日常可见的"现成物"作为材料，虽不容于主流价值体系之内，却充满着创造的迷人魅力与设计能量。他反对设计过于重视风格和外形的局面，破除设计行业的千篇一律："对我们来说，设计不是一种风格，它是从一个故事、一个概念开始的。"像当代艺术中的典型特质一样，Bakker所做的就是寻找激进的能量，然后把它们注入设计当中，强调想法在工艺之上，思想在物质之上。他的作品很好地诠释了荷兰设计和"概念设计"（Conceptual Design）的内涵，他认为设计是一种概念的呈现，介于文化、社会甚至政治之上，将个人观念转化为一种物象的表达。（图2-2-1、图2-2-2）

他提出著名的口号"I don't wear jewellery, I drive them!"（我不戴首饰，我驾驭它们！）巧妙利用英文中drive的双关意义——开车/驾驭，便有了以跑车形象为载体和宝石结合，设计了一系列胸针（图2-2-3）。1997年他为美国前国务卿卡梅林设计了一个形状为自由女神头像的胸针—"Read my pins"。女神的两只眼睛是反向放置的圆表，适应了观者与佩戴者两个不同的视角（图2-2-4）。在"Go for gold"系列中，利用激光雕刻熔融技术将黄金嵌入钛金属材料中，采用了这种现代技术，它利用黄金作为欲望的象征，表现的是三个著名的体育明星的球赛胜利后兴奋和喜悦的状态，纳达尔、罗纳尔多和冈萨雷斯。电脑应用程序根据特定的图像生成点状的新图像。激光逐点的熔融出钛片的轮廓，黄金被熔化在钛片表面，描绘出人物的眼睛、鼻子和嘴。（图2-2-5）

Bernhard Schobinger 1946年出生于瑞士的苏黎世，是当代首饰设计的先锋人物。是最激进、最重要、最鼓舞人心的当代首饰艺术家，他是彻底改变传统手艺的首饰艺术家之一。他的首饰作品尽可能远离

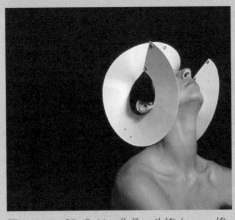
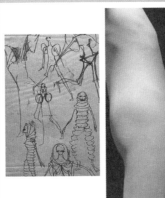
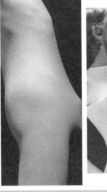

图2-2-1 Gijs Bakker作品 头饰（pvc、棉花）1967年

图2-2-2 Gijs Bakker作品 身体装置 尼龙、塑料、软木 1970年

图2-2-3 Gijs Bakker作品 胸针（银、宝石、塑封照片）1996年

图2-2-4 Gijs Bakker作品 胸针 1997年

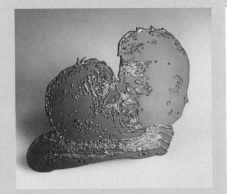

图2-2-5 Gijs Bakker 作品 胸针 2013年

图2-2-6 Bernhard Schobinger作品《瓶颈链》项链 1988年

图2-2-7 Bernhard Schobinger作品《柬埔寨》手镯 1990年

图2-2-8 Lucy Sarneel 作品 项链 2008年

图2-2-9 Lucy Sarneel 作品 胸针（锡、着色）2008年

首饰的传统性和珍贵性，回避首饰作为身份和地位的象征，而是将其视为社会批判的方式。他没像当时大部分的传统首饰手工艺人那样执着于金工的探索和宝石的镶嵌技术，而是开始探索首饰作为艺术的表达功能及其传递概念和信息的功能。

Schobinger 在过去的40多年中创建的对象折射出了艺术和社会的发展。他的首饰成为了一个时代的见证：混凝土艺术、朋克、后现代主义等美学。他背离了传统的材料，利用那些有情感的物品或基于概念和观念来创作。1988年，他创作了《瓶颈链》（图2-2-6）。这是由12个酒瓶的瓶颈串联成的项链。在现在看来这实在是再普通不过的事了，一个没受过艺术教育的孩子想必也可以做到。可唯独这样，才更显示了普通的东西无限大的价值。在他的作品中，往往可以感受到一种人文的关怀与思想。可以让身处浮华尘世中的人们受到关于人本身的追问。

1990年，他创作的手镯《柬埔寨》（图2-2-7）在银的表面可以看到许多骷髅头和人骨头的印记突出，给人一种战后的悲凉和对战争的恐惧。越南侵略柬埔寨战争于1978年一直打到1990年才结束，在此期间许多人民受到了心理的重创和生命的威胁。而Schobinger在作品中用压花银所呈现出的是战争中最常见到的画面，也是最震撼的画面。即使是在和平年代看到这样的画面呈现在眼前还是会有共鸣。只是一个小小的手镯，却是传达了这样沉重而深厚的情感。

Lucy Sarneel是著名的荷兰首饰艺术家，她认为首饰就像能量的载体。"当我工作的时候我把自身所有的能量都释放进这个物件中，但是一个物件之所以是一个物件，在于它必须成为它自己并且拥有它的灵魂，这时它便开始回复你，对你说话。这就像是得到生命的过程。这个过程全在于建立和放手。"Sarneel的作品非常丰富，带有田园式的诗意和浪漫，并有很强的荷兰民族文化印记（图2-2-8）。既有她游历世界对文化的感受探索、对当下社会的思考真挚而深厚，也有她对童年的追溯。她常常用在荷兰常用于制作日常器物的金属锌作为基础材料（图2-2-9）。由最初的锌自身的灰蓝色到近期、后期作品的色彩更加丰富，作品变得越来越放松和快乐，而在这其中

锌的材料依旧清醒而锐利地挑战着人的价值观、社会认知和思维惯性。Sarneel的作品具有极强的视觉冲击力，具有极强的平面视觉风格，充满生气和活力。

Tone Vigeland是享有国际声誉的银匠和珠宝艺术家，1938年出生于挪威首都奥斯陆。她的作品多以手工做的用于建筑的铁钉为元素（图2-2-10）。1980年，她的朋友在拆除一个历史性的住宅时送给她一个手工制作的钉子作为礼物，这成为了她作品的分水岭时期。在钉子上有手工匠的标记，它的外形和颜色吸引了她。艺术家将这个钉子用在装饰围巾上，并且开始收集更多的大头针和钉子，这些材料在她随后几年的设计作品中占了主导地位。她小心地把每个个体零件都氧化，把它们组成一个新的作品，过程中呈现出颜色的逐渐变化，灰色随着光线照射到表面显现出细腻的色调变化。作品的复数性和精微细腻显现了复杂的整体与部分之间的相互作用（图2-2-11）。Vigeland的作品处处渗透出厚重与质朴，富有浓郁的

图2-2-10 Tone Vigeland 作品 项链 1983年

图2-2-11 Tone Vigeland 作品 项链 1983年

北欧气质，对银和钢的使用灵活自如，常常给人以意想不到的独特效果并起到强化风格的作用。

（2）优秀学生作品案例

①《烦恼丝》/周若雪

该设计调研从宋代的文化现象开始，如文人诗词书画以及园林建筑等视觉物象。因为个人的好奇与喜爱，对文人的生平事迹、性格特质和诗词意象进一步了解，并逐步集中在李清照的气质特性及其诗词的分析与研究上，并对不同时代背景下女性角色心态与内心强韧的状态进行比较和联系性分析。

设计者在调研过程中对头发和梳头的行为有了更深入的关注和认识：梳头是人日常的行为，梳子从发根至发梢的这个过程中什么也没带走，却造就了整洁的效果。梳头就是一个疏通的过程，这里的疏通既是指头发也指思维。一个蓬头垢面的人被看第一眼就会令人想到各种消极的词汇，而如果梳妆打扮起来，则会有焕然一新的面貌。一个郁郁寡欢的人如果开始愿意梳头照镜也意味着其心境的变化。所以梳头虽是一个物理过程，却能使人心理上产生化学的变化。梳子见证了岁月的流逝、人们的老去，更梳走了旧日往事的琐记。发髻，又被称为烦恼丝，代表人纷乱的思绪和层出不穷的念头。（图2-2-12）

随着实践的进一步深化，设计者分析"思绪"的若干特征：直接连贯、千丝万缕、从容自得、杂乱无章、延绵不绝等，并分别进行深入的视觉材料层面的实验。（图2-2-13）如用干草纤维和蜡材质作为主要的操作实践对象，利用其干涩、枯萎的材料特性，结合浸染工艺，在柔软和充满曲线的造型状态中透露出材质本身的粗粝和倔强，充满韧性的力量（图2-2-14）。用棉花做填充是因为思路来自有关女性发型女性的诗词，希望主要表现的是相对柔和的情绪，而干草则可以增添一种坚硬的质感，也可以表现出头发的盘旋缠绕感。蜡在作品中起到了很好的固化效果，而蜡本身也有一种厚而不重的特点，让首饰有较突出的体量但又相对轻盈。

从研究宋词直到最终找到突破口开始研究发髻，中间辗转实验尝试，目的是表现一些细微的情绪，如通过对发型的外形研究，来表达每种不同的思绪所体现的不同的状态，就像用烦恼丝来做像糖一样颜色的首饰，有种化烦忧为喜乐的感觉。（图2-2-15至图2-2-17）

日常生活中的思绪是不断变化的，无论是杂乱无章或淡定从容，设计者认为都有着绚丽色彩的画面感，正是那些细碎的小事、小情绪组成了人生。每一个发髻都代表一种独立的情绪，把它们摆在一起的时候并不冲突，正是它们组成了人一生的记忆与情绪。

图2-2-12 宋代发髻样式

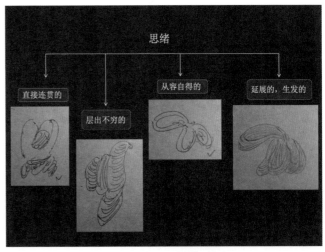

图2-2-13 依据发髻造型提炼不同的情绪状态

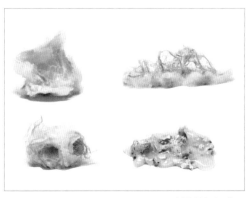

图2-2-14 材料试验过程

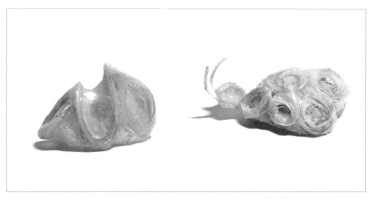

图2-2-16 对形态与色泽的推敲

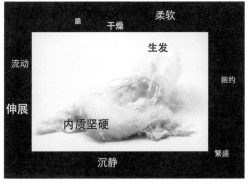

图2-2-15 根据材料实验的感受提炼关键词

图2-2-17 不同色调的实验比较

最终，设计者结合对于人的精神情绪、佛教教义等文化观念的理解以及对中国古代女性发髻造型的深入考察，提炼并归纳出相应的造型形态，以佛教用语"烦恼丝"为题完成创作。她在材料的不断深入实验中逐渐发现干草和蜡的视觉特性，从对材料无意识地尝试性玩味到有意识地针对材料特性主动把控，贴切地吻合她试图表达的主题内容，使作品呈现出新鲜放松的视觉状态。（图2-2-18至图2-2-21）

图2-2-18 周若雪《烦恼丝》挂坠 指导教师：刘骁

图2-2-19 周若雪《烦恼丝》胸针1 指导教师：刘骁

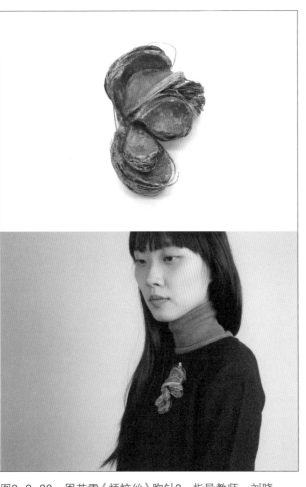

图2-2-20　周若雪《烦恼丝》胸针2　指导教师：刘骁　　　　图2-2-21　周若雪《烦恼丝》胸针3　指导教师：刘骁

②《离人》/于幸幸

设计者由宋朝张择端《清明上河图》中的汴河船开始关注宋朝的船文化，而"船"这个元素与她自己的生活息息相关，从小生长在渤海边，船这个意象也承载了许多她和家人之间的情感故事。确定了这样的出发点，开始往下挖掘。

展开调研：设计者继续深入了解《清明上河图》中汴河船、航海纹，在宋朝文学著作关于船的意象中找寻情感共鸣，并阅读关于远游、离别等意象的文学作品。在这一过程中逐渐明确创作的思路与方向：作为留在故乡的人，思念慢慢就会变为习惯，会分不清楚是最初单纯的想念，还是早已养成的习惯了。而作为离开的人，故乡早已物是人非，只恐他乡"胜"故乡，对于他乡是一种矛盾，有孤单，有成长，在经历了很多事后，人已经和过去多少有不同了，滋生了许多新的东西。

实践的深化：从最开始各种材料的尝试，到逐渐确定用冷白色的增白皂，对其进行各种角度的切割、刮痕，并组合进行形态上的推敲；以肥皂冷白色的片状和质感以营造一种冰冷的感受，像是浮冰（图2-2-22）。肥皂片不同角度的切边给人的感受不同，斜切的方式更能凸显冰冷孤单的感受，斜切棱角的状态更具表现力（图2-2-23、图2-2-24）。冰在由水凝结而成的过程中，会不断吸附附近的浮游杂质。那种状态与离人的状态是一致的，如同离人在他乡经历了许多事情，滋生了许多新观念、新习惯等（图2-2-25）。还可玩味钢丝球等金属丝冰

图2-2-22　冰川形态

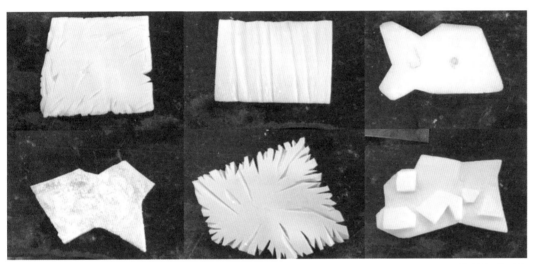

图2-2-23　推敲切边形态

图2-2-24　冰片形态推敲

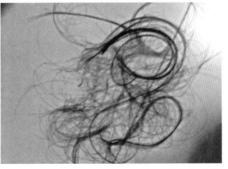

图2-2-25　杂质及发丝状态的推敲

冷的丝状状态，拉扯、剪断，重新排列等（图2-2-26）。刚开始只是随意地处理，看钢丝可以有哪些视觉状态，但总是不由自主地越做越复杂的，经过重新审视意图表达的核心概念，发现"少"更能表现孤单与冷漠，而不是越多越好。"多"反而给人一种"热闹""乱"的感受。逐步确定用寥寥的线的状态呈现空旷感，从而表达孤立、孤单的感受（图2-2-27至图2-2-29）。

图2-2-26 细丝状态推敲

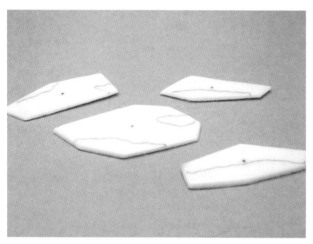

图2-2-27 寂寥的细丝状态

图2-2-28 于幸幸《离人》戒指 指导教师：刘骁

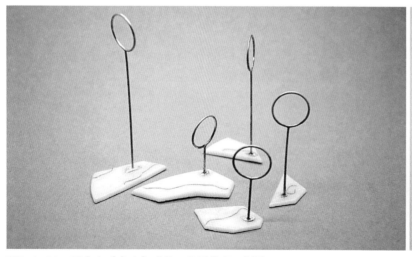
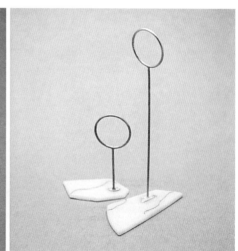

图2-2-29 于幸幸《离人》戒指 指导教师：刘骁

3. 实践步骤

课题中每个学生会根据自己研究范围和调研的深入逐步建立独特的课题内容，所以这里所归纳的实践步骤是就一般情况而言，每个人在自己的研究路径中面对的问题和挑战各有不同，可根据实际情况调整自己的实践路径。

（1）确定研究范围

重视调研，深入传统文化拓宽视阈和思维，挖掘能够引发自己感兴趣和好奇的点，与自身和当下社会生活关联起来体会和思考，忌讳对表面化的传统元素的直接照搬和挪用。（图2-2-30、图2-2-31）

（2）展开调研

课程中有些同学从调研后能产生相对明确想表达的观点，即所谓的"创作主题"。这个阶段便已经开始考虑视觉化元素的运用和草图的构思（图2-2-32、图2-2-33），沿着"主题"展开实验和实践，希望视觉实验能够贴切呈现自己的意图，但因为实践经验的有限，大多数的情况会有偏离和事与愿违。这就需要深入实践，不断体会、思考和调整，如调整实验的方向或是调整主题思路，目标是达到手头实践的视觉形象与头脑中所想表达的概念贴切相符。另一种情况则是，通过调研并没有马上得到想表达的主题，则可以引导学生以手头相关材料为出发点，哪怕只是若即若离的一点，鼓励尽管展开关于材料的实验（图2-2-34、图2-2-35）。这个过程中充分发掘材料本身的特性和潜在的"述说"能力。这是手头的工作更为主导地指引大脑的状态，是一个具体而深入的过程，需要学生以更尊重的状态细心觉察实践对象所流露出来的点滴特点并进行发展和强化，进而生成合适的主题和概念。总之，无论以何种方式进入创作工作，手头的实践和脑中想法就像太极中的推手，相互借力发力，切不可僵化麻木，创作才会鲜活生动。

（3）实践的深化

在实践深化过程中利用关键词的方式很有效，用关键词（不宜过多，不超过三个）提炼出意图表达的核心意象，可以是具体的带有情绪感受的形容词或者定语，例如温暖、平淡、苦涩、冰冷等，这对于不断深入的庞杂的实验工作有指导作用。

图2-2-30　宋代绘画中建筑的透视处理（《晋国公复国图》局部　李唐）

图2-2-31 张霄楠 作品《visual egg》构思过程中对宋代绘画中透视处理的观察、分析和借鉴

图2-2-32 草图表达设计意象1 戴毓辰

图2-2-33 草图表达设计意象2 戴毓辰

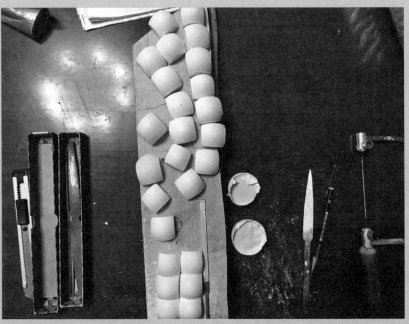

图2-2-34 基于蛋的造型变化展开的材料实验

图2-2-35 张霄楠作品《visual egg》构思过程中将鸡蛋形态解构和复制并且翻模

充分尊重手头的实践工作。引导学生抛弃对"主题"或"材料"先入为主的倾向。通过动手实验深入地体会手头的实验对象和自身想法相互指引和生成的状态。在此状态下逐渐成型和完善自己的创作课题。讲求工艺、材料实践上的综合和丰富。学生因思路而引发的实验呈现出很大的丰富性，这一点在该课程中也是非常重要的方面。如金属的处理、纸和纸浆的实验、树脂的成型和着色、石膏的翻制和成型、传统木雕，皮影的实验和再造、有机物与自然物的实验和结合等。材料和手段上的丰富性为学生达到思维和视角上的多元提供了桥梁。材料不仅是为了材料的审美，在以往的教学上谈"材料实验"或"发现材料之美"有助于学生们拓展自己审美上的包容性，但是在今天的环境下则更要求学生对材料展开探索，提升发掘和选择的能力，从中发现可以生成精彩视觉特征的可能和形成创作概念的可能。

（4）观念的打磨与建立
作品主题和概念不是拍脑袋凭空出来的，是随着对自己感兴趣的事物从初步的观察，到逐步明确研究范围，在明确的研究对象和范围中深入调研和实验，第2步"展开调研"和第3步"深化实践"是反复交替进行的，目的是在杂乱的信息和现象中逐步拎出"思路"，明确视角、态度和观点，形成创作概念，这也是为什么一定要强调用100字以内的文字明确表述出创作的核心概念，也是理清思路的训练过程。

（5）视觉呈现
视觉的呈现包含几个方面：首先是实物作品的各个方面：从造型到功能的完成度和品质感；其次作品的拍摄方式如构图、道具、模特到环境氛围的营造都应为所表达的核心概念（关键词）服务，是作品的二次创作；第三是作品呈现在具体空间中时考虑其与空间及陈设道具之间应当呈现出何种关系，从审美和视觉角度整体把握。最后是创作的过程中有视觉品质的图像、手稿和模型等素材都有可能辅助整体作品的呈现。过程和结果不是割裂开的，过程可以像成品一样展现，创作成果也可能成为创作脉络继续延续中的亮点。总之，课题中产生的任何有价值的素材都应当悉心地梳理和利用，都有可能成为完整作品呈现的重要因素。（图2-2-36至图2-2-39）

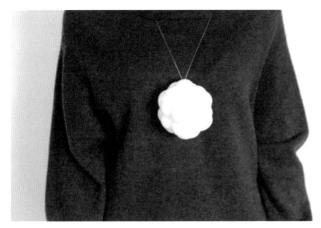

图2-2-36　张霄楠《visual egg》吊坠1　指导教师：刘骁

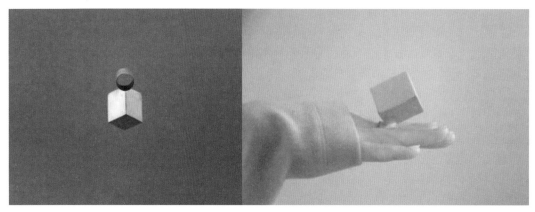

图2-2-37 张霄楠《visual egg》吊坠2 指导教师：刘骁

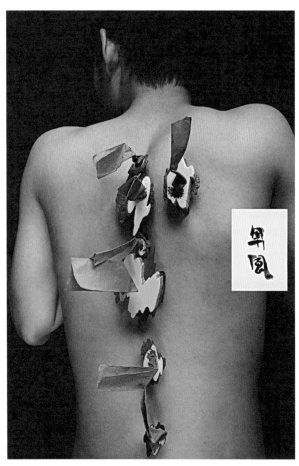

图2-2-38 戴毓辰《沆瀣》胸针 指导教师：刘骁

图2-2-39 戴毓辰《沆瀣》摆件
指导教师：刘骁

4. 知识点

（1）研究构架的建立

设计与创作课题的建立方向可以是自觉的、自由的艺术表达，也可以是以问题为导向的研究性课题，如可以根据以下几个要素来构建课题框架：研究背景、研究问题、研究目的和目标、研究方法、研究资源、研究计划等。在清晰的思路和构架下展开工作，有利于我们明确创作和研究目的，找到有价值的研究问题，利用有效的研究方法和资源。

研究背景与研究问题：即研究缘起和确定研究对象，研究背景就是所选题目现今的相关情况，如前人研究的成果，目前所研究到的状况，对选题有何特别看法，为何会选此题，对前人的研究成果和看法有何异议或者是有何更深入的观点，前人的研究有哪些不足值得再深入探究等，可综合所选题目的相关学科对它的影响来说。并且在这个过程中还要不断地反思问题，以确定哪些是有意义的子课题，哪些适合进一步研究。

研究目的和目标：即为什么要做这个研究，即问题的提出，是研究的意义与理由，也是具体的要达到的效果和影响，如通过建构某种视觉状态或体验方式，表达某种观点、态度，或揭示某种机理等。

研究方法：这里介绍几种主要的方法大多源自视觉艺术之外的领域，但是对视觉艺术的创作研究方法有借鉴作用，能够有效拓展创作研究的深度和广度。①实践研究：实践研究是用已知的信息和材料，通过亲身的操作实践，探索、创造出新的视觉形式或体验方式，达到表达某种观点的目的。②个案研究：个案研究是认定研究对象中的某一典型例子，可以是人或者某一事物，加以调查分析，弄清其特点及其形成过程，为实践和创作提供参考和依据。③文献研究：文献研究是根据一定的研究目的或课题，通过查阅文献来获得资料，从而全面、正确地了解研究范畴所相关的背景、历史、理论和现状等。文献研究法被广泛用于各种学科研究中。其作用有：能了解有关问题的历史和现状，帮助确定研究课题；能形成关于研究对象的一般印象，有助于观察和访问；能得到现实资料，有助于了解事物的全貌。④跨学科研究法：今天

的各个专业和领域在高度分化中又高度综合，形成有机统一的整体。运用多学科的理论、方法和成果从整体上对某一课题进行综合研究的方法，也称"交叉研究法"。

研究资源：构成该课题研究得以展开和深化的必要而直接的条件，得到相关信息资源的对象、场所如具体的工厂、行业协会、图书馆、画廊、博物馆等。

研究计划：根据时间状况、个人实践条件以及研究资源的可用性现状，制定具有可行性的工作内容安排，让课题有序、有效地展开。

（2）符号的潜力

设计和艺术作品是通过视觉的符号（抽象的或是具象的）构建出供观众感受和解读的信息载体。一方面它是意义的载体，是精神外化的呈现；另一方面它具有能被感知的客观形式。在设计和创作中要充分认识并利用视觉化的视觉形象和符号，仔细分析和体会它们如何传递作品的信息和情感。

符号是人们共同约定用来指称一定对象的标志物，它可以包括以任何形式通过感觉来显示意义的全部现象。符号一般指文字、语言、电码、数学符号、化学符号、交通标志等。在符号中，感觉的材料和精神意义二者是统一不可分的。例如，十字路口红绿灯已不是为了给人照明，而是表示一种交通规则。符号与被反映物之间的这种联系是通过意义来实现的。符号总是具有意义的符号，意义也总是以一定符号形式来表现。符号的建构作用就是在知觉符号与其意义之间建立联系，并把这种联系呈现在我们的意识之中。

符号学里的符号范围要广泛得多，社会生活中如打招呼的动作、仪式、游戏、文学、艺术、神话等的构成要素都是符号。总之，能够作为某一事物标志的，都有可能称为符号。符号伴随着人类的各种活动，人类社会和人类文化就是借助于符号才得以形成。每一个艺术形象，都可以说是一个有特定含义的符号或符号体系。为了理解艺术作品，必须理解艺术形象；而为了理解艺术形象，又必须理解符号作为对象的所指意涵，它的统摄功能具有生成人性和塑造人类文化的作用。

（3）融汇的制作性

新的首饰设计语言的探索和建立离不开设计师亲身的制作实践体验。包豪斯学校强调学生在各种工艺的亲身实践中获得设计经验。美国哲学家约翰·杜威（John Deway）同样倡导"从做中学"，杜尚用"做"来表述自己的创造行为。首饰与工艺密不可分的传统意味着"制作性"无法脱离今天的首饰设计实践。

当代首饰的"制作性"包括在历史中首饰制作所应用的各类手工艺和现代机器生产制作所需的各类机械电子化学等工艺，也包含在艺术创作语境下首饰设计对各类材质和媒介的拓展和运用。工艺与制作的目标是得到相应的作品或产品的使用品质和视觉品位（图2-2-40）。

首饰作为实用物件的工艺性，是达到传统生产制作经验和需要的标准。例如，首饰的执模、抛光、电镀等表面处理的标准；首饰结构的标准如戒指壁厚、宽窄、粗细，胸针、耳针等佩戴结构的合理性；首饰批量生产流程中的可靠性，如铸造的成品率、镶嵌稳固性、材料性质的稳定性；首饰审美的功利性经验和标准，例如利用"几围一"或者特定方位角度的镶嵌手段达到宝石显大、颜色饱满、遮挡瑕疵的目的。这些可以从传统首饰加工坊或珠宝首饰工厂得到直接经验，关系到行业标准、首饰产品的质量以及品质。

首饰作为艺术媒介的制作性，体现在材料、工艺、结构的运用能够贴切地表达作品概念、思想和作品艺术形象，工艺的运用是为了突出作品的视觉品位。通过制作和工艺，我们可以让一件首饰达到光滑、闪烁、无瑕，能体现传统概念下一件珠宝首饰的高贵品质；我们也可以通过制作与工艺有目的地达到粗糙、朴拙、暗淡等其他的审美趣味，用更包容和发现的眼光来探索更多的视觉可能性。

工艺的流动性。从技术的观点看，相应的材料应当用到相应的技术，运用的技术越合适，制作就越有效，所以出现了制作工艺的分门别类以针对不同材料和媒介进行加工。在当代首饰设计的语境下，几乎任何材料、物件、媒介都可以运用在设计创作当中，所以无论首饰制作有关手工艺，还是现代化的生产加工

图2-2-40 将宝石切磨抛光工艺原理运用在综合材料的制作中 刘骁《米·石》胸针 稻米、尘土、银 2013年

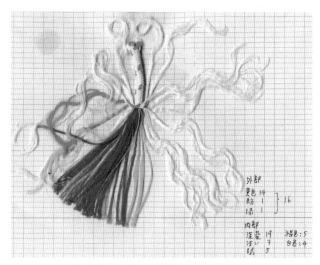

图2-2-41 艺术家贺晶作品材料中 现成品尼龙绳结构发掘和分析

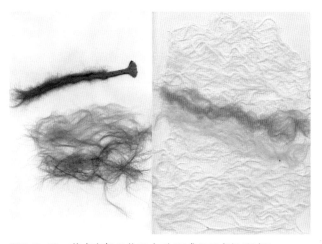

图2-2-42 艺术家贺晶作品中对 现成品尼龙绳的试验

工艺，可以且应当灵活地注入综合多样的物质材料上，探寻其适用性和可能性，并形成独特的视觉语言和关于制作的品质。这种灵活的应用，是培养帮助设计者不断地用眼、心、手、脑作出新的微妙区分的能力，这些能力可以促进心灵的内在性，或者是相对的精神独立性的产生。（图2-2-41、图2-2-42）

制作的意外性。以流动和灵活的方式运用既定工艺对其他材料媒介进行加工和改变时，注定没有固定的程式，它并不基于已有的方法和路径，设计者无法一厢情愿地"要求"材料被加工出来达到理想的效果。过程中必然会出现意料之外的状况，而对意外的视觉现象的捕捉和把握，正是实验的、发现的开始，也是新的视觉语言生发的开始。材料的实验是主体与对象博弈的过程，就像太极中的推手，是一个互为主体、相互发现、相互生成的过程。

（4）摄影的语言

随着各种媒介的"图像"日益深入社会生活，加之图像学、视觉文化研究等跨学科研究的展开，影像语言的使用已经变得和吃饭喝水一样日常。无论是为了记录还是表现物理材料的设计过程或结果，必然会以摄影作为重要的呈现方式，甚至超过实物本身。桑塔格的《论摄影》以及相关摄影理论可以帮助我们加深对影像语言的理解。

摄影是过滤的。摄影的现实作用是记录，但是它模仿或者强化场景，并不是原封不动地复制，而是构成并强化我们面对的环境和物件，是用另一种眼光来看待和重新创造视觉媒介。作品的拍摄有过滤的作用，让

观众和对象置于新的二维关系中。并不是表现原本的环境，而是通过放大、缩减、裁剪、修饰、装扮或修改原有的事物。

摄影是富有煽动性的。摄影以最直接、实效的方式煽动观者的好奇心和欲望。什么值得被拍摄，最终是拍摄者的意识来决定是什么构成这幅图景。照片提供信息，任何一个部分或角落都在试图给人传递信息。薄薄的空间中，所有的部分可以跟其他部分脱离关系或者建立关系。照片都具有多重的意义，不直接解释任何信息，却邀请观者去推论、猜测和幻想。

摄影是超越现实的。摄影能够对拍摄对象施加并跨越物理距离和时间距离。摄影通过摘选对象的典型和特征，将事物分解成无数的单元，来阐明新的秩序。看起来越少的修改、越少的技巧，越稚拙，照片越有可能变得"权威"，更有视觉的感染力，更让人"信服"。

摄影流露意图。拍照不仅是为了展示场景，也是让人知道拍摄者在面对什么、思考什么以及解决什么。就像是文学中的只言片语，以书本的形式收录照片是一种越来越普遍的做法，甚至给照片配上文字，就像练习2的做法。

摄影是重构的。摄影把阅读的载体和顺序也进行改变，干预或入侵，把拍摄对象理想化。照片重构现实并且强化经验和意识，拍照就是赋予拍摄对象重要性，暴露并且放大经验，大概没有什么场景是不能美化的，价值本身可以通过拍摄来更改。

图2-2-43　Vivian Maier 作品　美国 1955年

图2-2-44　Martin Parr 作品　摄影 英国　1970年代

图2-2-45　森山大道作品　日本 1980年代

第三节 设计实践

1. 课程简介

每个人通过观察、调研和设计实践，实操性地创建一个自己的设计品牌，构建鲜明的视觉形象和系列产品，可视化地呈现出该项目计划和策略。

（1）课程内容

以亲身实践的方式创建一个品牌，并将品牌重要组成元素可视化。课程内容分为四大部分：第一部分进行品牌的定位及品牌名称、标语和商标的设计；第二部分根据品牌定位设计产品，产品包含概念款、形象款和基本款等不同的层次；第三部分是品牌产品拍摄，包含产品场景拍摄和模特佩戴拍摄。第四部分是品牌包装和产品册的设计制作。并考虑和策划该品牌的推广和营销方式，与潜在客户发生互动的可能。

（2）教学目标

通过本课程了解品牌的基本概念和组成要素，通过实践深入体验品牌创立的完整过程，使学生从策略和系统的角度展开思考和工作。引导学生设计发掘多种方式的推广渠道，让自己的创作实践与社会和市场发生多种形式的互动，让学生的设计实践能力获得实际的锻炼和提升。

（3）重点和难点

从整体上把握品牌的气质，思路清晰、逻辑清楚地明确品牌定位和理念，从设计策略的角度展开和深化设计工作：设计的特点是什么？设计服务的对象是谁？他们有什么需求？如何满足他们的需求？这个课题还强调时间管理及整合其他设计、制作资源的能力。

（4）作业要求

一个系列（3~5件）的产品实物，产品包装模型；品牌手册：包括品牌介绍（logo设计、品牌用色规范、品牌标语）、产品白底图、产品佩戴图等。

2. 设计案例

（1）时尚品牌案例

Maison Martin Margiela是一个独立设计师品牌，是由设计师Martin Margiela于1988年以自己名字创立的品牌。Martin Margiela的服装在表象上以"旧"字体现一种"不完美的完美"，即便是那些批量生产的成衣，面料也均经过"做旧"处理（图2-3-1）。Martin Margiela的零售空间也如出一辙，散发出一股陈旧、不施精作的气息，与周遭其他品牌光鲜的时装形成鲜明对比。粉刷得不干不净的墙壁，呈现出脏兮兮的白色，激发怀乡的旧情。Martin Margiela每一季的设计概念非常清晰，所有系列整整齐齐地排开，好似一篇篇的"命题作文"：1990年春夏是"金属、纸张和塑料袋"；1991年春夏是"牛仔裤变形

第二章 当代首饰设计实训

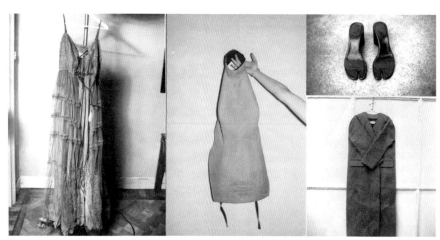

图2-3-1 Martin Margiela的时装和开趾鞋

记"；1992年春夏是"丝巾的华丽转身"；1997年是"时装背后的一地鸡毛"；1998年是"平面服装"；1999年春夏，则是"10年回顾，再玩一遍"……Martin说："使用现成品再设计，其实困难重重，我们将之视为一项设计上的挑战，而并非出于环保的原因。其结果，便是这些元素获得了第二次生命（图2-3-2）。"Martin Margiela也有着其独特的处事作风，就连缝在衣服上的卷标都只用白色布片，或圈上0-23其中一个数字的布片来示意衣服所属的设计系列，如0号系列意指Artisanal系列，女装基本衣饰则以6号来示意，10号是男装系列的代号，鞋子便是 22号，而印刷品及配件就是 13号；随着系列的更新，亦会有更多不同号码的出现（图2-3-3）。对Martin来说，审美还是重要的，原初素材的功能被化为无用的装饰。他的创造更像是"为艺术而艺术"。

挪威珠宝品牌Bjørg素以夸张的异域风格著称，其风格不求精美，不走华丽路线，宝石原矿之类的使用保持着自然的原味。和一般时尚品牌不同，他们没有讲究时尚、华丽的视觉效果，而是追求一种原生态的感觉，当这种感觉到了造型时尚的潮人身上，就更能起到锦上添花的作用（图2-3-4、图2-3-5）。设计师在世界各地的艰苦跋涉也影响Bjørg的艺术设计，从而诞生了各种精致的珠宝系列，再佩戴上闪闪发光的链子和宝石，似乎更显神秘色彩，演绎传奇般的历史。该品牌所有的设计都归结于一种概念性的将以往的和现在的系列融合在一起，作为精致与原始之间的一种协调。Bjørg还试图将自然和工业元素包含在作品中，因此其中所用到的素材100%都是纯自然的，特别注重环境保护（图2-3-6至图2-3-8）。

图2-3-2 Maison Martin Margiela的时装

图2-3-3 Martin Margiela的时装标签

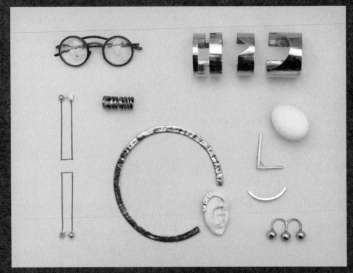

图2-3-4　Bjørg 产品组图

图2-3-5　Bjørg 戒指

图2-3-6　Bjørg 项饰

图2-3-7　Bjørg 耳饰

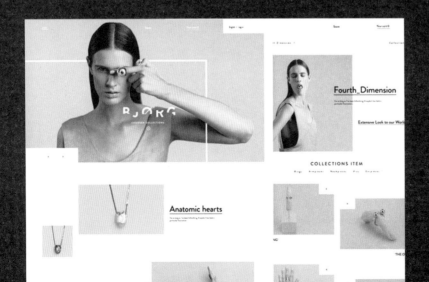

图2-3-8　Bjørg网站风格

（2）优秀学生作品

孙乐涛设计的系列产品《"阿波罗"：封闭的花园》以花和宝石的意象为设计元素，集合成独特的视觉语言，表达对错过和失去的人的怀念。产品以水泥、骨制品、金属为主要元素，营造出冷静、坚强中透露出脆弱与细腻的气质，形成独特的艺术风格。其品牌的客群定位是内心细腻敏感、有独特审美取向的人群。品牌名称模仿太阳神的法语"Apollon"，且该词汇是由法语"pollen"（花粉）变化而来。品牌计划前期通过和杂志合作以及品牌网网站、公众号、微博等社交媒体的推广，将品牌系列中艺术性较强的形象产品以艺术体验展览的方式面向受众，从线上和线下两个渠道进行推广，以此建立品牌在观众心目中的形象与气质。（图2-3-9至图2-3-11）

李佳蓉设计的"包装陷阱PAKO TRAP"，是一个充满实验性的首饰品牌。针对当今消费时代下包装对于真实内容的过度掩盖，PAKO TRAP将首饰以快消品的包装方式呈现，在视觉效果上营造一种假象。通过选择购买、拆开包装、重新组装，为首饰与佩戴者之间构建一个交互的契机，并制造一次独特的首饰购买体验。（图2-3-12至图2-3-15）

於珮妮为自己的品牌《Supercalifragilisticexpialidocious》（苏泊岂哩）设计了"Welcome to join our happiness（欢迎加入我们的快乐）"系列首饰，以钱币作为象征幸运、快乐的符号，通过生活中一些简单惊喜的小瞬间以及有趣的形态变化与互动关系，例如：突然摸到口袋里的一枚硬币、在一盘饺子中吃到包着硬币的那一个、抛幸运币时得到期望的一面以及金币巧克力的甜蜜等。（图2-3-16至图2-3-19）表达生活中的快乐其实很简单，并利用镜面与形态变化加强对首饰的物理体验和心理感受。同时，这组作品作为Supercalifragilisticexpialidocious（苏泊岂哩）品牌的第一个自主系列中的展示部分，希望通过首饰传递生活中简单的快乐。

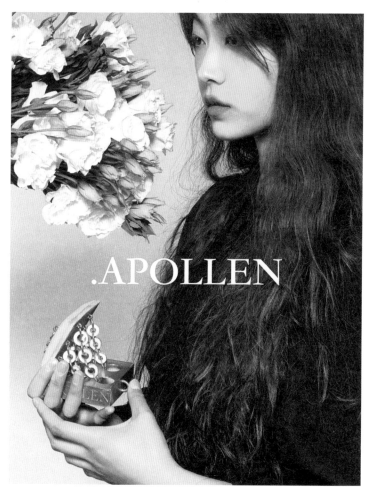

图2-3-9 孙乐涛《"阿波罗"：封闭的花园》
品牌形象 指导教师：陆泓钢

.APOLLEN

SEASON 1

HORTUS CONCLUSUS

2019

图2-3-10　孙乐涛《"阿波罗"：封闭的花园》
品牌形象　指导教师：陆泓钢

图2-3-11　孙乐涛《"阿波罗"：封闭的花园》
品牌形象　指导教师：陆泓钢

图2-3-12　李佳蓉《包装陷阱》
指导教师：刘骁、王成良

图2-3-13　李佳蓉《包装陷阱》包装拆开

图2-3-14　李佳蓉《包装陷阱》组装完成后

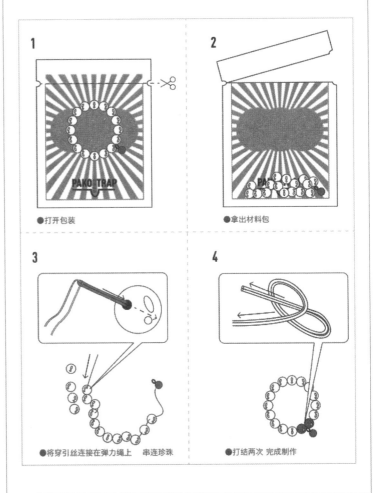

图2-3-15　李佳蓉《包装陷阱》产品说明书

图2-3-16 於珮妮《苏泊岂哩》 胸针

图2-3-17 於珮妮《苏泊岂哩》 项饰

图2-3-18　於珮妮《苏泊岂哩》　戒指、掌环

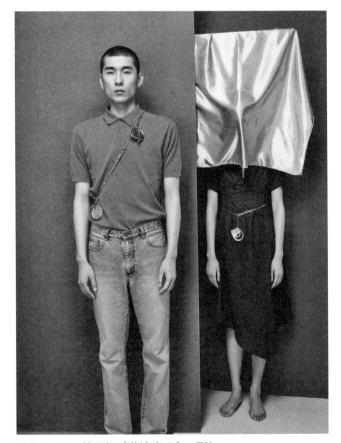

图2-3-19　於珮妮《苏泊岂哩》　项饰

3. 实践步骤

（1）设计调研

商场中品牌专卖店或柜台、设计师品牌店、设计师集合店，不同类别之间有重叠又有区别。了解现有品牌的风格、特征、理念以及营销策略，分析其所针对的目标人群和市场，为品牌的定位找到差异点。首饰品牌中有一类是设计师品牌，它是由设计师主导的品牌，具有个性鲜明的设计风格和设计理念，可以更加针对细分市场，品牌忠诚度相对较高。鲜明的设计风格和设计理念并不意味着设计师品牌完全不需要考虑市场和服务对象的需求。相反，如何在个人风格与市场需求中找到平衡，是每一个设计师品牌永恒的命题。

（2）品牌定位

整理自己的既往作品和喜欢的品牌风格（包括但不限于品牌），分析梳理自身的创作脉络和设计特点，定位品牌基因。其中主要遵循差异性和精简性原则。品牌定位着重思考如下问题：有哪些特征、优势和资源？设计服务对象是谁？他们有什么需求？在此前提下设计的特点是什么？如何满足服务对象的需求？

可以从自身喜好出发定位品牌，也可以从市场空缺出发定位品牌。基于课程的定位，该课程的重点是挖掘和分析自己的特质，梳理、强化自身特点，并将其转化为品牌外在形象和内在价值；找准差异，成为唯一，是抓住潜在客户心智的捷径，进而建立品牌的忠诚度：首先要抵达，然后多加小心，别让对方找到转换的理由。与抓住第一的位置相对应的另一个办法，是寻找空位，想找到空位，必须有逆向思维的能力，反其道行之。

（3）品牌名字

一些设计师品牌通常以设计师名字命名，有时会另起一个名字来体现品牌特征。名字就像钩子，把品牌挂在潜在客户心智中的产品阶梯上。品牌必须起一个能启动定位程序的名字，一个能告诉潜在客户该产品主要特点的名字。与名字相关联的是品牌故事，不仅仅包括每件产品的故事，还包括创始人个人品牌的故事。故事都不尽相同，但都有一个共同的部分，即创立者对品牌及公司的热情，品牌中独特的追求、使命、意义及目的显得尤为重要。

例如学生张霄楠在课程中构建的品牌"东方事件 orient rioter"是一个以首饰为主，综合摄影、时装及其相关周边的时尚品牌。以东方的以及宗教相关的符号器物为设计原型，构建出一个跨文化的具有潮流时尚气质的品牌。Rioter的中文意思是"暴徒骚乱者"，这并不是对传统或宗教的反叛不羁，是将设计师个人喜爱的具有东方气质的元素，用当代的东方的眼光进行观看和表达。品牌名字"东方事件"则包含了正在发生以及将要发生的一切可能性。设计师寻找适合搭档的平面专业和摄影专业的同学合作构建该品牌的视觉风格。Logo的形态来自于聚集的能量在释放爆炸的那一秒所呈现的形态，同时也参考了佛教的经典"卍"字符。（图2-3-20、图2-3-21）

（4）品牌标语

通过对其他品牌的调研和对自己品牌的定位，从而树立确定品牌的核心理念，品牌理念常被转化为品牌标语（slogan）表达，可以用关键词或是一个短句，这个短句要与品牌的各个方面构成要素如定位、态度、价值、愿景相吻合，思考综合所有这些元素来描述什么会在他人脑海中塑造出你的品牌。可以用它来表达态度并作出决策，也包含未来的目标和驱动。好的品牌理念可以随着时间的推移使人们增长热情，并推动品牌的增长。

（5）产品模型及制作

产品差异化是创建一个产品或服务品牌所必须满足的第一个条件，须将自己的产品同其他产品区分开来。设计以满足客户需求为导向，不断推出新产品或对现有产品不断更新非常重要，品牌关系的发展需要不断注入新内容，借此品牌粉丝的交流不断加强，这种创新可以是进化的而非革命性的方式进行。

根据品牌定位设计产品，产品的设计理念和外观设计要符合品牌定位和风格，产品包含概念款、形象款和基本款等不同的层次，调整设计外观以适合其品牌定位。所有产品都要有相应的手绘草图以及创作过程记录。草图和设计图应当充分表现设计意图和产品结构。运用第一章所提供的多种设计技能和材料，将草图和设计想法实现成为产品模型，技术上要具有可实现性，并从加工生产角度考虑其合理性、使用品质和批量的可能性。

图2-3-20　张霄楠《东方事件》品牌定位与构思　指导教师：闫睿

图2-3-21　张霄楠、黄昭璇、王冕维《东方事件》logo图形　指导教师：闫睿

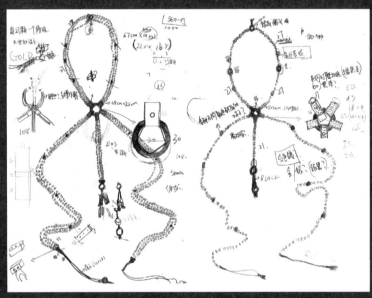

图2-3-22　张霄楠、黄昭璇、王冕维《东方事件》产品草图

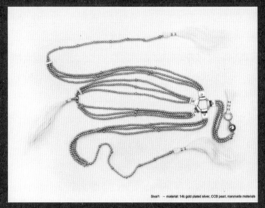

图2-3-23　张霄楠、黄昭璇、王冕维《东方事件》念珠设计1　指导教师：闫睿

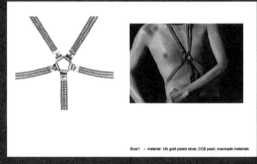

图2-3-24　张霄楠、黄昭璇、王冕维《东方事件》产品细节及拍摄　指导教师：闫睿

图2-3-25　张霄楠、黄昭璇、王冕维《东方事件》产品衍生品　指导教师：闫睿

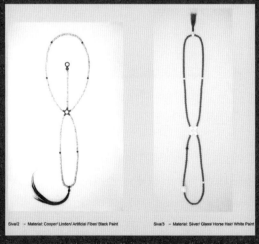

图2-3-26　张霄楠、黄昭璇、王冕维《东方事件》念珠设计2　指导教师：闫睿

例如张霄楠在她的品牌"东方事件 orient rioter"中，念珠是设计师一直很感兴趣的元素。在念珠成为佛教的符号代表之前，印度人有以缨珞鬘条缠身的习俗，经过长时间的沉淀，念珠变成一种最为人熟悉的饰品。今天，地铁里、商场中、大街上都可以看到各类人群佩戴念珠，男女老少，这是一种从内心而发的关于归属感和信仰的需求。佩戴念珠的人也许为了信仰，也许为了品位，念珠是非常有潜力的首饰符号。（图2-3-22至图2-3-26）

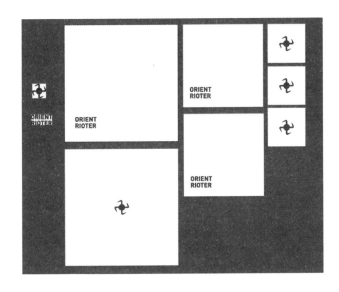

图2-3-27 张霄楠、黄昭璇、王冕维《东方事件》包装视觉设计 指导教师：闫睿

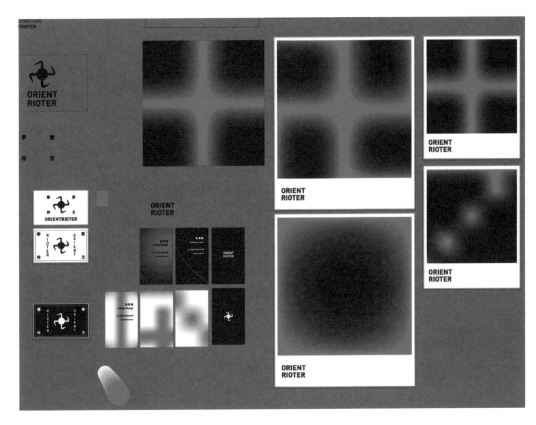

图2-3-28 张霄楠、黄昭璇、王冕维《东方事件》视觉系统设计 指导教师：闫睿

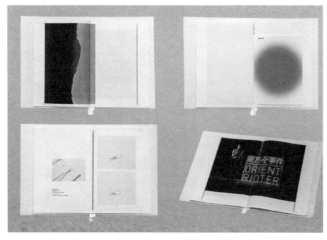

图2-3-29　张霄楠、黄昭璇、王冕维《东方事件》产品册　指导教师：闫睿

图2-3-30　张霄楠、黄昭璇、王冕维《东方事件》品牌形象照片　指导教师：闫睿

图2-3-31　张霄楠、黄昭璇、王冕维《东方事件》品牌形象照片　指导教师：闫睿

图2-3-32　张霄楠、黄昭璇、王冕维《东方事件》品牌形象照片　指导教师：闫睿

（6）品牌视觉形象

首先进行品牌的定位、品牌名称及商标（logo）的设计，要求遵循准确性、原创性、适应性原则，设计风格与品牌定位一致，如logo设计、品牌用色规范、品牌标语、包装、展示以及品牌产品手册等。（图2-3-27至图2-3-29）要求符合品牌定位及品牌调性并适合自己的产品，设计风格应与产品高度统一。鼓励学生调动各种外部资源，整体推进品牌的视觉构建。例如，与平面专业的同学合作品牌视觉系统（VI）以及包装部分，与摄影专业同学合作品牌形象片的拍摄等，将部分或全部制作加工委托首饰工厂进行，自己作为这个品牌的灵魂和枢纽，沟通和推动各方面资源朝着品牌的目标前进。

（7）产品摄影与展示

品牌产品拍摄，包含产品场景拍摄和模特佩戴拍摄。要求学生根据品牌定位和品牌调性设计和制作拍摄场景，并设计模特佩戴照片，组织模特、服装、化妆、道具、场地等进行拍摄。根据品牌风格和最终产品的成品特点设计场景，并拍摄品牌形象片（包括产品照片和模特佩戴照片）。要求学生遵循集中性、鲜明性原则，场景设计和模特照片风格符合品牌定位，在此基础上尽量做到视觉上有新意。（图2-3-30至图2-3-32）

4．知识点

（1）品牌的概念

广义的"品牌"是具有经济价值的无形资产，用抽象化的、特有的、能识别的心智概念来表现其差异性，从而在人们的意识当中占据一定位置的综合反映。品牌建设具有长期性，一个具体的品牌则有一定的"标准"或"规则"，是通过对理念、行为、视觉、听觉四方面进行标准化、规则化，使之具备特有性、价值性、长期性、认知性的一种识别系统总称。这套系统我们也称之为CIS（corporate identity system）。品牌最持久的含义和实质是其价值、文化和个性；品牌是一种商业用语，品牌注册后形成商标，企业即获得法律保护拥有其专用权；品牌是企业长期努力经营的结果，是企业的无形载体。

现代品牌理论认为，品牌是一个以消费者为中心的概念，没有消费者，就没有品牌。所以营销界对品牌资产的界定倾向于从消费者角度加以阐述。也就是说，品牌能给消费者带来超越其功能的附加价值，也只有品牌才能产生这种市场效益。市场是由消费者构成的，一个成功的品牌能够在消费者心中产生广泛而高度的知名度、良好且与预期一致的产品知觉质量、强有力且正面的品牌联想，从而培养出稳定的忠诚消费者。换言之，品牌知名度、品牌知觉质量、品牌联想以及品牌忠诚度构成了品牌的无形资产。

（2）品牌的要素

一个品牌的产品、定位、风格、意义、愿景、价值观，这六个部分共同组成了品牌核心和基因。前三个立足于品牌在市场上的现状，另三个则是对未来的展望。品牌口号（slogan）则是这个核心的表达。

产品：品牌所提供的产品、服务、知识是品牌盈利的维度。以首饰产品为例，可以分为不同层级和系列，如概念款、形象款、基础款等不同层次。但是在消费和信息爆炸的时代，在我们很难发现与众不同的产品时，显然需要新的品牌化理念来突出和传播产品。

风格：一个风格鲜明的品牌是可以被明确描述的，它的特质、形象、态度、行为、个性，是人们很容易看到和感知到的。许多成功的公司发现，声誉与形象比

任何明确的产品特点更有利于产品销售。每一个产品、每一则广告、每一个展示空间、每一张照片，都是对品牌形象的长期投资。品牌风格通常通过品牌形象识别（vi系统）的方式被人们感知。

意义：品牌需要考虑其产品或服务的使命或意义（提高生活质量、修正当前错误和延续美好的事物），要从精神层面探究品牌在社会中的作用，并且通过品牌为消费者寻找更深层次的消费意义。创造意义是企业家精神的核心和根本，那些致力于使世界变得更美好、充满意义的品牌（公司）都是勇于变革的品牌（公司）。

定位：定位是一个营销概念，是传播的方法之一，定位从产品开始，可以是一件商品，一项服务，一家公司，但是定位不是围绕产品进行的，而是围绕着潜在顾客的心智进行的，是对客户思维认知的管理。定位的基本方法，不是去创造某种新的、不同的事物，而是去引导和浮现客户心中已经存在的认知，去重组已经存在的关联认知。产品为什么比竞争对手更好，或者为什么与其他产品不同？在现代传播过度的社会中，能够脱颖而出的最好办法，就要有选择性，创造差异，选中明确的目标，细分市场和人群。如果想给人留下长久的印象，简化要传递的信息，越简洁越好。

愿景：愿景是指品牌的未来想成为的样子以及在市场中想扮演的角色，也就是未来的定位。一个成功的品牌会在两方面有明确愿景：一是未来的市场，二是其它想要提供的内容和对象。

价值观：价值观是基于一定的思维感官之上而作出的认知、理解、判断或抉择，也就是人看待事物、辩定是非的一种思维或取向，是一个人的生活法则。价值观具有稳定性和持久性、主观性的特点。价值观对一个品牌的行为动机和常用发展目标有导向的作用，同时反映这个品牌的认知和需求状况。价值观决定一个品牌的自我认知，它直接影响和决定这个品牌的愿景、理想、信念和目标。所以提炼出体现品牌价值观的关键词就很重要，创始人的价值观通常会被设定为该品牌的价值观，因为这是最自然最真实可靠的，需要考虑的是所拟定的关键词是品牌的价值观还是风

格。人们可以轻松注意到并识别风格，但需要花时间来感受价值观，价值观是长期特征，本质上更具哲学意义。

（3）品牌的客户体验

品牌化的实质就是构建客户体验，成功的品牌策略一定是专注于提供卓越的客户体验，创造好的客户体验，要从心理上拉近客户与品牌的距离，让客户参与到品牌中，了解他们如何看待品牌，并鼓励他们提出建议。客户发现、了解、选择、使用并参与到品牌中，一步一步地了解和体验品牌，在过程中每个阶段都需要思考这些问题。发现：客户正在哪里寻找你？了解：客户正在努力了解什么？选择：他们购买/使用的障碍是什么？使用：满意/不满意之处？参与：客户如何评价，如何信任并推荐品牌，是否成为品牌大使？成功的、可持续的客户体验有四个重要因素：惊喜、愉悦、信任、尊重。

惊喜：就像意外地得到礼物一样，可以是意料之外的，也可以是带着期待的，都可以带来幸福感和良好的心理状态。品牌像朋友之间的关系一样，需要经营和维护。惊喜对维系友谊关系的重要性不言而喻。

愉快：惊喜是瞬间的，而愉快可以更长久地维持客户与品牌之间良好且积极的关系。这种愉快的状态可以

用不同的方式创造，包括直觉、轻松、自在、优雅、智慧等，还有一种"游戏化"的概念，是游戏般的娱乐方式，不乏幽默趣味。例如宝马公司2010年的广告词："宝马不只生产汽车，宝马创造快乐，我们既是激情的创造者，也是刺激的保持者，更是快乐的守护者。"

信任：构成信任的要素有需求、期待和承诺。对品牌的期望得到实现，需求得到满足，承诺得到保证，对品牌的信任才会出现每一次与客户的沟通，每一次广告、宣传、活动，都会建立期望，挖掘需求、履行承诺，才能获得。

尊重：尊重是客户体验要素中最难做到的，它彰显同理心人文精神。尊重是双向的，一方面真正了解客户需求，并体会客户感受，意味着对微弱的客户信号保持敏感，另一方面是要小心地建构品牌本身的精神气质，让客户也认为他所使用的品牌是有品位有价值的，是值得尊重的，反过来也能体现用户格调和价值。

总的来说，打造良好的客户体验的核心就是建立并维护关系。这种关系和建立友谊如出一辙。品牌要找到可分享的东西，找到超越表面的、有意义的东西，吸引用户共同参与。（图2-3-33至图2-3-36）

图2-3-33　Darry Ring
品牌slogan：一生只能定制一枚

图2-3-34　可多种配搭的潘朵拉品牌手链

图2-3-35　以Tiffany 蓝色礼盒为设计元素的店庆活动　香港　2019年

图2-3-36　Tiffany品牌的风格以及营造的生活方式

第三章

当代首饰赏析

根据首饰设计与创作的对象和目的区分，可分为"作为商业产品的首饰""作为艺术作品的首饰"和"以首饰为话题的艺术创作"。这几个范畴既相近又有差异，有些是交叉和模糊的，有些范畴在视觉形式上与首饰相去甚远例如"以首饰为话题的艺术创作"，但其内核与首饰的概念是紧密相连的。

第一节　作为商业产品的首饰设计

作为商业产品的首饰面向市场和消费者，被人们使用和消费以满足不同需求，并且与首饰生产加工行业紧密联系。根据材料和媒介区分，可以分为时尚配搭类首饰、贵重材质类首饰以及日益发展的与新科技结合的日益电子化智能化的智能科技类首饰。

1. 时尚配搭类首饰

（1）时尚配搭类首饰的特征

这类首饰常称为配饰或饰品，多用于服装的搭配和装饰，包括日益丰富的独立设计师品牌的产品在内，这类产品有着鲜明的设计风格和特征，造型相对夸张和自由，时尚敏感度高，与潮流时尚行业联系紧密。区别于贵重材质的珠宝类产品，时尚配饰的设计材料相对低廉，便于创意的发挥和变化，同时产品更新迭代速度快，紧跟时尚潮流。另一方面则材料稳定性相对较低，容易变形、褪色等，不宜长久佩戴和收藏。

（2）时尚配搭类首饰的设计原则

时尚配饰类首饰在设计时可以参照以下原则：①有清晰的设计主题，为设计工作树立明确的目标；②充满想象力地展开设计工作。因为配饰的设计较少受材质的约束，可以多样化地尝试视觉手段和制作方法，大胆实施设计想法；③形成鲜明的设计风格。时尚配饰的设计并不必然是追随已有的时尚潮流，而是通过自身独特的设计语言和视觉风格，创造和培养新的客户和粉丝。④平衡设计想象力与实际生产制作之间的关系。

（3）品牌设计案例

"硬糖"是一个独立首饰品牌，"硬糖"一词在欧美网络语言中原泛指未成年少女，这正是"硬糖"品牌的气质——如少女般天真又成熟,甜美而冷酷。"硬糖"为独立自主、不随波逐流的人设计，兼具童话元素、酷甜气质和哥特风格，"硬糖"的饰品带给人神秘和未知感及略带危险的美感。它的"魔镜"系列创造了一个复古、神秘而知性的女性形象。首饰灵感来自《哈利·波特》中的冥想盆，天然珍珠母贝变幻不定的幻彩像魔镜一般，让人忍不住要进入其中一探究竟。（图3-1-1至图3-1-3）

图3-1-1　硬糖之"魔镜"黑色贝母戒指

图3-1-2　硬糖之"魔镜"白色贝母耳夹

图3-1-3 硬糖之"魔镜"系列首饰

"硬糖"的"杀手游戏"系列中设计师构想了一个游走于都市边缘的女杀手形象。她孤独又骄傲，甜美而冷酷，散发着致命的诱惑气息。精工细作的手枪，原本是无情的武器，与珍珠、宝石、星月元素组合，却仿佛变成一件少女的玩具（图3-1-4、图3-1-5）。枪械与珠宝的结合，是冷酷机械感与甜美少女心的碰撞，塑造硬糖特有的"酷甜"感与20世纪纸醉金迷的复古时髦感。

设计师品牌YVMIN（尤目）更像是一间身体装饰实验室，致力于探索身体装饰设计的更多可能性，其中"Electronic Girl电子女孩"系列的创意来自对人工智能仿生女孩形象的幻想，传达出性感、优雅、理智、神秘的装饰气氛，关于人与机器界限的迷思贯穿此系列。采用滤色光学镜片作为设计亮点，营造出迷幻的反光效果，映衬在皮肤周围，形成彩色渐变的光晕。另外，具有眼镜结构的珠宝面饰，是电子女孩系列的代表性单品，它延展了珠宝佩戴方式的更多可能性。（图3-1-6、图3-1-7）佩戴者好似变成人工智能人，与真人进行神秘的"图灵测试"。

"Larmo朗睦"是设计师赵小睦于2010年创立的设计师品牌，首饰非饰，以物的形态出现，然而却回归于精神；Larmo朗睦的设计有鲜明的东方气质与审美情趣，每一件首饰都不是孤立的，和人的身体联系在一起，与人的精神融为一体。我们在观察它的同时是在端详自己，在触摸它的同时是在内窥自己的心灵。（图3-1-8、图3-1-9）

图3-1-4 硬糖之"杀手游戏"系列 耳饰

图3-1-5 硬糖之"杀手游戏"系列 首饰

图3-1-6 YVMIN之"电子女孩"系列 面饰

图3-1-7 YVMIN之"电子女孩"系列 面饰

第一节 作为商业产品的首饰设计

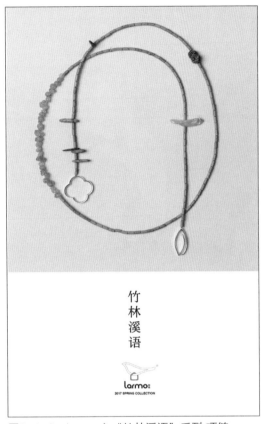

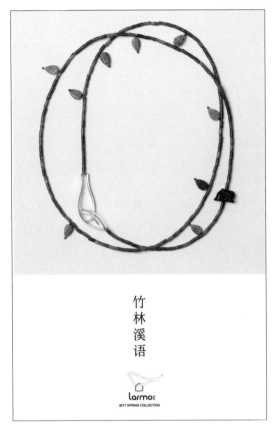

图3-1-8 Larmo之"竹林溪语"系列 项链　　　　图3-1-9 Larmo之"竹林溪语"系列 项链

2．贵重材质类首饰

（1）贵重材质类首饰的特征

选用贵重材料如黄金和宝石为基础材料进行设计和制作的首饰常用于具有特殊纪念意义的时刻，如求婚、结婚或有着其他特定纪念需求的。虽然多用贵重材质，但目的还是在于满足大众层面的需求，从材料到加工制作都着有一定的标准化评价；另一类贵重材质的首饰常称为高级珠宝，一方面是因为宝石的稀缺性，从种类、品级、颜色上的特殊和少见，另一方面是因为加工工艺的难度和复杂性，一般为匠人手工打造，结构复杂，加工成本高，制作耗时长，所以一般根据个别客户的需求而设计，一般来说都是独一无二的，所以也常称为高级定制珠宝。

（2）贵重材质类首饰的设计原则

贵重材质类的首饰设计需要考虑以下方面：①得体的创意与适当的成本意识。面向大众市场的贵金属首饰受众面广，人们会从款式、材质、价格、实用性以及后期保养等多方面因素考虑，所以设计创意不宜过于夸张，应内敛而巧妙，同时对材料和加工所产生的成本有适当的控制。②尊重材质的特殊性。在高级珠宝定制范畴中，因为宝石的稀有和特殊性，设计师常常基于已有的宝石材料进行设计，也会有由客户提供宝石的情况，需要尊重已有宝石的特征，仔细分析宝石的类别、颜色、形状、切工，为其提供合适的设计。如果不是已有宝石的情况，则在设计过程中尽量选择标准化的、市面上易找到的宝石的，避免出现好的设计图纸却找不到理想中的宝石的状况。③注重客户的需求。在设计沟通过程中准确把握客户的个性化需求：

图3-1-11 Niessing的卡镶戒指设计

图3-1-12 Niessing的戒指设计

图3-1-10 Niessing的戒指设计

图3-1-13 Frank Chai之"莎士比亚"胸针

图3-1-14 Frank Chai之"宙斯的礼物"胸针

图3-1-15 CINDY CHAO 羽毛胸针

图3-1-16 CINDY CHAO 红宝石牡丹胸针

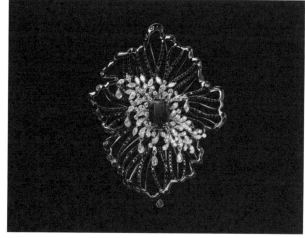

图3-1-17 CATH. RING.XONG之"Aimee"胸针，祖母绿、钻石、18金

图3-1-18 CATH. RING.XONG之"胧月夜"胸针，钻石、18K金

图3-1-19 CATH. RING.XONG之"Sleepy Puppy"胸针，碧玺、蓝宝石、钻石、珐琅、18K金

第一节 作为商业产品的首饰设计

突出宝石的珍贵或是情感的表达和纪念，气质与个性的体现，有针对性地进行设计。④选用合理的加工方式。要熟悉不同类型的首饰功能和结构，佩戴时与身体部位的关系以及金属与宝石的结构关系，确保加工制作的合理性与可靠性。

（3）贵重材质与高级珠宝设计案例

Niessing是德国著名珠宝品牌，以明亮、简约而著称。Niessing珠宝集几何学和结构学于一身，以简单的圆形、三角形、方形来表达其设计理念。每一个珠宝的设计理念都是单一简约，给人以简单的造型之美。高品质的金、铂金和不锈钢和拥有顶级至臻品质的钻石为其常用材质。Niessing珠宝集几何学和结构学于一身，以简单的圆形、三角形、方形来表达其设计理念。（图3-1-10至图3-1-12）

Frank Chai高级珠宝强调创作者本身的参与和佩戴者与饰品间的联系，不仅仅专注于贵重材料本身的物质价值，更追求以材料和设计作为"诉说"的重要角色，宝石，黄金在创作时是点、线、面，也是色彩，是为创作服务的元素，力图做出有人文精神和态度的珠宝首饰。（图3-1-13、图3-1-14）

CINDY CHAO高级珠宝是台湾珠宝设计师赵心绮（CINDY CHAO）的同名品牌CINDY CHAO The Art Jewel，设计师的创作灵感多受到大自然的启发。经典的蜻蜓系列游走在具体和想象之间，透过梯形等少见的宝石切割展现翱翔姿态。她设计的羽毛胸针，是以钛金属镶嵌超过560颗祖母绿宝石，折损率超过40%，是一般钛金属镶嵌的两倍（图3-1-15）。红宝石牡丹胸针是一件私人委托的订制品，用电镀处理成紫红色的钛金属镶嵌，层层丰腴的花瓣共镶嵌220克拉红宝石，更显浓郁。（图3-1-16）

CATH. RING.XONG高级珠宝致力于为消费者提供设计独特、工艺精湛、用料珍贵的顶级私人订制珠宝艺术作品，以独具特色的新古典主义和女性主义风格为主，专注于收藏级别的高级珠宝设计，力图打造值得传承的中国高级珠宝定制品牌。（图3-1-17至图3-1-19）

3. 智能科技类首饰

（1）智能科技类首饰的特征

随着电子技术和数字化技术的日益普及，数字智能技术也开始渗入人们日常穿戴的范畴，智能首饰应运而生。从概念上来说，智能首饰让首饰除了具备它原有的身份、装饰和情感的属性，同时也能给佩戴者的生活带来实用价值。智能芯片的加入，通过用户数据采集和处理，具有提醒功能、检测功能、社交功能等。所以说智能首饰是互联网的基因和传统首饰属性的交叉或融合。智能首饰在未来会帮助用户越来越深入到智能互联的世界，甚至影响人们的行为习惯。但是目前的传统珠宝企业或是新兴科技企业所推出的智能珠宝在外观设计以及智能程度上都有待提升。面临着珠宝设计和芯片技术的双重挑战，不少消费者反映存在款式单一、蓝牙连接不畅以及App板块设置鸡肋等问题。芯片的加入又成为智能珠宝设计、大小和工艺上的桎梏。

（2）智能科技类首饰的设计原则

①系统性地考虑设计工作。智能首饰所关联的专业领域和资源是多维度的，意味着需要有整合不同领域资源的能力，从整体和系统的角度充分考虑所定位的产品希望为用户提供什么样的穿戴体验，要为用户设计完整的体验过程，外观的设计只是这个系统的其中一个部分，并确保有充分的智能技术资源供了解、学习和运用。②回归首饰本身。智能首饰首先是首饰，不同于其他智能穿戴产品，首饰的本质是有情感、精神属性的载体。注入科技的本质目的是让人们赋予首饰情感寓意，比如爱情、幸运、回忆、陪伴以及自我表达等，让首饰变得更有体验感，进而促进人的内在体验或人与人之间的联结。③合理运用交互技术。智能科技的本质是交互，要深入了解有关现有交互技术及其软硬件的现状及可能性，充分尊重现有技术的局限性，也不做简单化的各种技术和功能的堆砌。技术是为了帮助首饰增强其原本的情感属性，使得佩戴者能在具体的情境下产生互动行为，从而达到情感及心理层面的交流。

图3-1-20　TOTWOO智能首饰之绽放系列

WE BOLD

勇敢

黑白纯粹，男女同款
独特造型下藏有一颗勇敢的芯

图3-1-21　TOTWOO 智能首饰之勇敢系列

图3-1-23　周大福之"智爱Linklove"吊坠

图3-1-22　周大福之"智爱Linklove"
吊坠

图3-1-24　周大生之"宝护"系列智能首饰

（3）智能首饰设计案例

TOTWOO智能首饰设计中，通过蓝牙与TOTWOO（兔兔智能珠宝）的APP相连后，首饰就可以通过自我设定的光和振动，给佩戴者带来经期提醒、喝水提醒、久坐提醒与计步卡路里计算等健康关怀。同时，TOTWOO INSIDE二代智能芯还拥有来电和APP通知提醒，可以根据星座获得幸运日提醒，并能通过首饰控制手机进行拍照。其中，"兔兔智爱天使"保留了TOTWOO（兔兔智能珠宝）经典的"兔兔密码"（TOTWOO CODE）功能。在和自己的爱人（亲人、朋友）APP配对后，即便相隔千里，双方都可以通过敲击首饰，给对方发去"我想你"等只有双方知晓的暗语。收到暗语的一方首饰就会产生闪烁对应的光和振动。当然，只要拥有APP，任何一方都可以通过手机或智能手表和戴首饰的人进行互动。（图3-1-20、图3-1-21）

周大福珠宝：首款智能珠宝智爱Linklove立足于缔造出暖入人心的智能珠宝，将爱与陪伴融入互动之中，不仅可实现计步、来电提醒等基础功能，更加能感知爱、传递爱、连接爱。独特的三项情侣互动功能，拉近爱恋中人们的距离，拥抱每一处心有灵犀。陪伴相处，记录共同相处的时间和步数，每一天都是互相陪伴的纪念日；震动传情，四次点扣珠宝便唤醒对方的珠宝震动，每一次置气冷战都能被甜蜜打败；智控自拍，连接手机，轻敲两次珠宝即可控制手机拍摄，每一刻欢乐时光都被方便记录。（图3-1-22、图3-1-23）

"宝护"系列产品是周大生首款儿童智能K金（配钻）吊坠。采用牢固的9K金材质，造型卡通，提供粉、蓝两种马卡龙配色，纯手工打造双保险扣环，内含智能芯片，待机长达3个月。实时检测UV、温湿度等六大智能环境监测功能，并能及时提供防晒穿衣建议。该设备提供相关APP，采用蓝牙4.0连接，具备"电子围栏"功能，即当孩子走离安全距离超过10米便自动报警，能及时发现儿童走远。（图3-1-24）

第二节　作为艺术表达的首饰作品

1. 个体的情感与哲思的媒介

这类作品的题材大多来自艺术家的个人体验，是私人情感或经历的艺术表达，或者是对自我的内省和哲学式思辨。

（1）深邃的体验——李一平作品

李一平作品《虚构想象的道具》希望借助电影或戏剧等虚构作品中借助道具"入戏"的现象，将虚构想象的过程转化为可组装或可活动的结构。例如《牛蝇》的形态源于作者行走在烈日下听到的钢珠相碰的声音，其中扭曲的管道来自作者对这种声音来源的模拟（图3-2-1）。所以作品试图让虚构想象这种个人行为成为一种交流媒介。后期作者邀请了10位不同职业和年龄的参与者与作品互动（图3-2-2）。在与作品独处的时间里，每个人将凭借自我对作品的想象虚构作品。同时作品自身也因为材质和结构引导、促成了这一过程而成为了道具，在虚构中实现了与他人的交流。

《牛蝇》（300mm×140mm×130mm，黏土、棉线、卡纸、马尾、乌木、铜、银，2018年）

图3-2-1　李一平《虚构想象的道具-牛蝇》

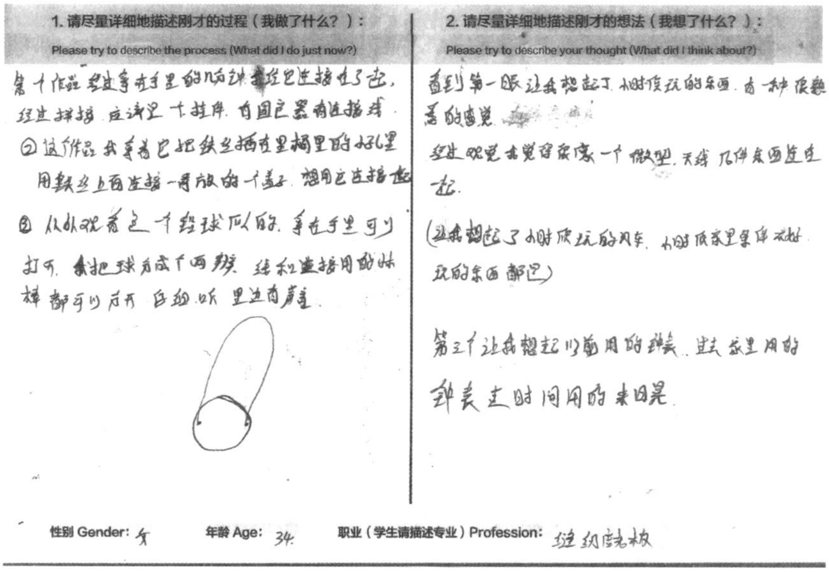
1. 请尽量详细地描述刚才的过程（我做了什么？）：
Please try to describe the process (What did I do just now?)

2. 请尽量详细地描述刚才的想法（我想了什么？）：
Please try to describe your thought (What did I think about?)

性别 Gender:　　年龄 Age: 34　　职业（学生请描述专业）Profession:

图3-2-2　观众参与互动记录

图3-2-3　李一平《虚构想象的道具-签筒与转珠》

图3-2-4　李一平《虚构想象的道具-人与物品》

“当我走在烈日下时，头脑中经常会响起像两个小钢珠碰撞时发出的声音，但我却不知道声音的位置。”苍蝇喜欢围绕牛头飞舞，牛不厌其烦地摇头却不知道苍蝇下次又会落在哪里。有时候感觉是种茫然状态。作品将滚动的珠子放入封闭的路径，声音也难以为其定位。

《签筒与转珠》（450mm×450mm×130mm，棉布、棉线、蜡、樱桃木、贝、铜、银，2018年，图3-2-3、图3-2-4）
签筒：当流行歌曲在被演唱时往往被情感携裹，歌曲的旋律和词句像中空的容器，歌手的声音如同在容器里拖动的细丝，拉动的细丝在容器里刮磨出干涩的声音。于是作者将这种结构还原成了实物。转珠：事物一般不会应验料想。如果一件事情发生了，又被猜中了结果，只能说运气真好。经验有时候被认为是天启，富有经验的人们可能会越来越信奉自己。所以在作品中，掉入筒内的珠子比料想出现的时间可能会晚一点，可能不会出来，也可能会好几个一起出来。

《幡》系列（710mm×400mm×140mm，卡纸、蜡、碳纤维杆、尼龙绳、铜、银，2018年）
被雨打湿的香樟叶子闪烁着金属的光，黑暗的树干上附着了很多空掉的蛹壳。在闷热的雨季过后，秋的凉意就像铜铃颤动、蛹壳被碰碎。空气中沉浮的蚊虫开始收聚成游动的细线，寒毛也一圈接一圈立起来。气候更迭的时候，自然要展现仪式，当人们糊涂地欣赏完以后才意识到已然换季。花此起彼伏地开、叶子三三两两地落、雨密密地打向地面。可能

图3-2-5　李一平《虚构想象的道具–幡系列》

人是在这些秩序中迷离了。作品提取出可制造声响的秩序结构，并逐步发展演化。（图3-2-5）

（2）穿越时空的情感——Bettina Speckner作品

对德国首饰艺术家Bettina Specktner来说，老照片是她创作的起点。她用的照片大部分都是收集的19世纪早期的古董照片，有铁板也有锌板和银版制的，还有一部分是她自己拍摄和处理的照片，用蚀刻的办法做在金属上。她利用丰富的手段重塑了这些照片，并将它们变成可佩戴的珠宝。有时候照片只会被轻微地"改动"，有时她决定果断地大动干戈——通过裁剪、穿孔或创造性地补充，使之变成三维立体的珠宝。

"照片促使我们相信以前的事件，游览过的地方，带领我们进入从未谋面的人居住的房子里。照片不只是提供证据，还包含让人尊重的史料。"在过去，照片是一个令人兴奋的"新媒体"——所以要拍照是很严肃的事情：在一个专业摄影师的引导下，人们带着严肃的面孔进入永恒。在某种意思上，他们都变成了"不朽"，当然不可避免地，他们的名字和存在溶解在时间长河中。他们的肖像向我们的双眼，展示了那些难以捉摸的过去。Bettina Speckner 说她喜欢把这些不同的东西放在一起，让这些东西产生一些东西，至于是什么东西，就让别人去感受，她不试图讲述一个故事，如果她要讲一个故事，她更愿意当一个作家——她的作品不是关于自己的记忆也不是自己的个人情感，是单纯的物与物之间产生的关系而已。（图3-2-6至图3-2-8）

图3-2-6　Bettina Specktner
作品 胸针1

图3-2-7　Bettina Specktner作品 胸针2

图3-2-8　Bettina Specktner作品
胸针3

（3）个体身份的宣言——杨晶作品
杨晶的作品题目《"我不是花瓶"》这个短语有两个含义。其中之一是"我不是花瓶，我是珠宝。"另一个解释则源自中国语境下"花瓶"一词的象征意义：花瓶的形状和特点使人联想到女性，人们通常将徒有其表的女人讽刺地称之为"花瓶"——华丽却空洞。

而花瓶与首饰有类似的属性和状态，它们都介于实用器物和艺术品之间的状态。杨晶对首饰所感兴趣的是艺术层面的功能。因此，她的"花瓶"也失去了原有的功能——它们是由圆构成的，这些圆随后被穿在一根绳子上，并构成了一条独特的项链。它们一个接一个，形状像一个花瓶。以这种方式，出现了脆弱和微妙的结构，花瓶随时可能会崩塌，这将再次改变它们的含义。就好像向观众宣布"我不想做花瓶，我真的有话要说！"，将它作为首饰戴上时也有值得思考

的意义："我是花瓶，我很漂亮"。（图3-2-9、图3-2-10）

2．社会与自然的一面镜子

这类首饰作品的创作题材来源于外部世界，如社会和自然，是艺术家对外部世界的反应、有独特的观察和体验和视觉化的呈现。

（1）无尽的消费——刘骁作品
刘骁的《不死的符号》系列作品是将各处收集来的购物塑料购物袋转化成为汉代墓葬文化中的玉塞和与玉盖面的形式，反思当下普遍接受的无意识的消费观念和习惯。每件塑料盖片是单独的吊坠，可以被轻松随意地佩戴，而当这些盖片组合到一起形成面具的时候则体现更加严肃的语义和反思。（图3-2-11至图3-2-14）

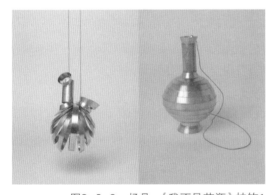

图3-2-9　杨晶　《我不是花瓶》挂饰1

图3-2-10　杨晶　《我不是花瓶》挂饰2

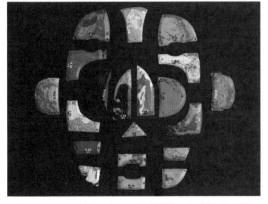

图3-2-11　刘骁　《不死的符号》系列 摆件 吊坠1

图3-2-12　刘骁　《不死的符号》系列 摆件 吊坠2

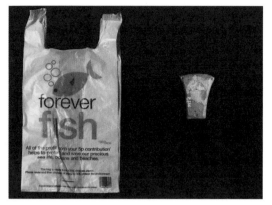

图3-2-13　刘骁 《不死的符号》系列 摆件 吊坠3　　图3-2-14　刘骁 《不死的符号》系列 摆件 吊坠4

整套作品由20个塑料片组成，功能上来讲都是一个个的吊坠，其形式来源于汉代玉塞和玉盖面的不同部分的片状造型。玉塞和玉盖面是中国汉代墓葬文化中常见的器物，有防止灵魂出窍、死后求得永生的象征意义。这是关于"永生"的符号。作品的材料是塑料购物袋，来自设计师在英国生活期间日常都会用得到的商场和超市塑料购物袋，如全球化连锁超市"tesco"和"Sainsbruy's"，也有市集里购物时随处可得的塑料袋，塑料袋就成了我们日常消费的一个符号，这种随手可得使得消费变成了无意识的习惯，深刻在我们的意识当中。而塑料袋本身也是完全的化学人工制品，与自然物截然对立，从普遍意义上来说其成分无法被自然消解，也有一种"不死"的意涵在其中。借着塑料袋的隐喻，与汉代玉盖面的形制相结合便形成了这个系列作品最主要的面貌。

每一片吊坠可以轻松随意地穿绳并佩戴在胸前，伴随着塑料袋本身鲜艳的色彩和简洁的造型，呈现出随意轻松的"配饰"特征。然而，当这些塑料片放在一起组成汉代人形面罩的时候则流露出厚重而严肃的意象和语义。视觉上的反差是试图能够引发一些思考，随着社会物质材料越来越丰富和繁盛，轻而易举的购买和无节制的消费行为应当如何重新被认识和对待？

（2）动态的城市——Despo Sophocleous作品

加拿大首饰艺术家Despo Sophocleous的这系列作品是关于自己游走在城市的状态。按照手中的地图中去客观地认识一座城，还是全身心投入到对城市的体验当中，到底谁更真实？意识在这种若真若幻的状态中摇摆。同时，她也会跟随自己的足迹，体会个体意识和城市的奇妙关系，玩味这种摇摆不定的、生动、变化的状态。（图3-2-15至图3-2-17）

创作者一方面用严谨的方式对作品的结构，如她的创作草图中精确的尺寸、数值、造型元素之间的关系严谨而近乎苛刻的要求。但是在最终作品的呈现上，每个单元结构都非常灵活地互动和平衡，并充满了"随意"的、放松和生动气息。如同她自己的文字中描述的那样：自己从客观和主观、理性和感性、物质与精神之间的游历和变化中体会。

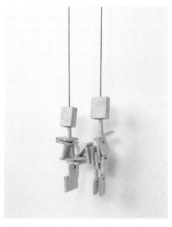

图3-2-15　Despo Sophocleous
《在别处》挂饰（木、绳子）

图3-2-16　Despo Sophocleous
《在此之间》挂饰（铜、绳子）

图3-2-17　Despo Sophocleous
《方向改变》挂饰（木、绳子）

（3）指尖的故乡——Catherine Truman作品

澳大利亚首饰艺术家Catherine Truman的家乡在南澳大利亚阿德莱德附近20公里的城市海岸线上。这是一个人造景观和自然环境之间关系脆弱并不断变化的地带。Catherine Truman收集了沿着海岸线被冲上来的自然和人造碎片，包括贝壳、浮木和海滩游客留下的碎片——塑料碎片、瓶盖、潜水面罩。然后把它们翻译成自己的语言，以便理解它来自的地方和它所代表的生活。艺术家处理自然发现的物体时，会本能地仔细观察它们的结构、形式和功能的细节，探索自然形式和人造形式之间的各种相互关系。通过将这些看似不同的，有时是类似的材料结合在一起，艺术家的目标是创造新的形式，并尽可能使人们质疑人类在其存在中的作用，质疑它们的起源、功能和生理学——创造意义的难题，并激发观众更复杂的探究和不确定性。（图3-2-18至图3-2-20）

3．与传统的对话

这类作品的创作来源通常来自于传统的观念、习俗和技艺、无论是首饰本身的传统，还是其他领域中既定的规则和经验，通过对传统深入了解，以不同的眼光和角度来看待，从中生发出新的设计理念和创作手段。不是简单的技艺传承和沿用，而是以不同的思维方式和创作方法为其营造一个新的语境，从而使其焕发出新的活力。

（1）别样的婚庆——张沉芷作品

张沉芷的作品是对中国福建传统婚俗金饰做一些思考和尝试改变。在闽南潮汕地区的婚俗里，朋友们都会向新娘赠送一件黄金首饰，新娘接受并且佩戴在身上表示答谢。无论戒指手镯，目的都只为了金饰更轻更大，受礼佩戴后黄金饰品堆砌在新娘们身上，呈现出了夸张、醒目的戏剧性效果。张沉芷重新对宫廷传统服饰文化、潮汕地区的木刻传统以及民间谚语等民俗文化进行研究。佛手瓜、燕子、双鱼、鹰和兔子、瓶子、如意、蝙蝠等，都是古代常用来表达吉祥祝福的图腾与图像。因此，设计师用这些图形为基础元素，按照设定的规律开始进行设计改良。设计的每一件首饰部件，由不同的图腾或图像组成，用古人借物寄情的方式表达各种祝福，这样当不同的"祝福"组合拼合在一起的时候，就形成了一句特别长的祝福话语，不同的"祝福"组合成不同的话语。因此每个新娘收到不同的祝福首饰，最后能佩戴出不同的"话语"，成为独一无二的新娘。（图3-2-21至图3-2-23）

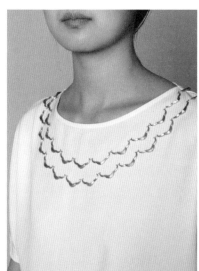

图3-2-18　Catherine Truman作品 胸针　　图3-2-19　Catherine Truman作品 胸针　　图3-2-20　Catherine Truman作品 面具

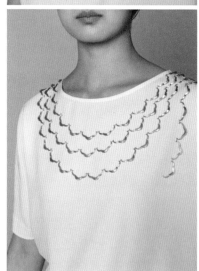

图3-2-21　张沉芷 《新妆–图腾的叙事》系列　　图3-2-22　张沉芷 《新妆–聚合》系列　　图3-2-23　张沉芷 《新妆–云肩》系列

（2）移植的艺术史——Evert Nijland作品

荷兰首饰艺术家Evert Nijland创作的基础是西方艺术史中那些优秀作品的图像与主题。在对那些历史材料的解读与研究的过程中，找到其与当代语境进行对话的方式。他的作品不仅仅包含缅怀历史的情愫，还具有相当丰富的当代艺术的概念原型与主题元素。他作品的视觉形式有很多关于莱昂纳多·达芬奇（Leonardo Da Vinci）和卢卡斯·克拉纳赫（Lucas Cranach）的绘画，还关联到18世纪的艺术。早期常常创作项链的作品，而现在越来越多地创作胸针类作品。这是一个绝好的机会与对其立面进行挑战的过程：比如在严谨而整体的轮廓里探索自由形态关系、胸针正面的"公众性"和背面的"不可见性"的关系，就连在材料的选择和使用上也充分体现了这种对立性的并存，如陈旧的古木和技艺精湛的玻璃吹制工艺并置，简单基础的铆接或捆扎方式和激光切割或工业化的蚀刻技术并存。（图3-2-24至图3-2-27）

（3）新生的传统纸艺——Kazumi Nagano作品

Kazumi Nagano在大学和研究生院主修日式绘画，曾是一名日式画家。这种训练方式仍在某种程度上影响他目前的工作。Kazumi Nagano认为日本文化的本质是"平和美"。他想做的工作不是简单地复制西方，而是希望人们能感受到日本的内在精神而不是肤浅的表面形式。在日本悠久的历史中，持有行为得到了培育，他用手工织布机做了一张床单，然后用日本传统的折纸技术将其折叠成3D珠宝。也可以换用其他任何材料，如黄金、日本纸和竹带。（图3-2-28至图3-2-30）

（4）新玉相——李安琪作品

玉雕是以退为进的艺术。在整个雕刻过程中，只能通过削减材料去建立涵义。正是这种单纯的材料和单一的工作方式成就了中国数千年的玉文化。该项目作品将从不同层面反映当代中国人的精神和品质，换言之，作品以

图3-2-24 Evert Nijland 作品1 胸针　图3-2-25 Evert Nijland 作品2 胸针　图3-2-26 Evert Nijland 作品3 胸针　图3-2-27 Evert Nijland 作品4 胸针

图3-2-28 Kazumi Nagano 作品 胸针1　图3-2-29 Kazumi Nagano 作品胸针2　图3-2-30 Kazumi Nagano 作品胸针3

玉喻人，玉之相，也为人之相。该系列作品以常见的玉器形制，如玉环、玉璜、玉玦、玉璋、玉圭、玉斧和玉璇玑等，组成属于21世纪的中国玉组佩。（图3-2-31）

李安琪的另一件作品《甜蜜的拥抱》中则对玉蝉这一意象展开思考，在汉代，玉蝉常被放置于逝者口中，希望亡者可蜕变重生。这样的物件在现代也有截然不同的寓意——一鸣惊人。作者尝试对传统与历史进行重新演绎，也希望为一贯严肃而深沉的玉雕艺术带来新的视觉体验和佩戴体验。轻松的玩笑与当下的价值观彼此相对，玉以及玉所象征的神圣也随之瓦解，取而代之的是俗世的身体。（图3-2-32）

4. 对未来的自由畅想

这类首饰作品的题材面向的是我们未来的生活方式和行为方式，通过对当下社会和环境信号的思考和分析，并基于科技发展趋势，大胆畅想未来的首饰及穿戴方式乃至相关的生产和制造会是什么样的景象，会如何从物质层面和精神层面满足人的需求。作品以概念构想的方式呈现为主，会对我们当下的首饰设计思路和理念有着重要的启发。

（1）可批判的未来——Susan Cohen作品
澳大利亚设计师Susan Cohen在1995年的作品《关于安全未来的思考》便展示了一系列用来装避孕套的蜻蜓护身符，借用蜻蜓的性器官的位置特征，翅膀

则是奥克利太阳镜的环绕式镜片，但是造型有改变，性的安全将是最基本最日常的需求（图3-2-33）。1999年的作品《生存习惯》便充满想象力地构想即将到来的未来以及我们可能需要面对的未来——例如，一个小小的大脑插孔，这样我们就可以直接与任何计算机连接（图3-2-34）。

（2）生态化的首饰生产线——申薇笑作品
在《植物化珠宝生产》课题中，设计师申微笑探讨和畅想未来的生产方式。她调研和分析了当下中国首饰行业批量化生产所带来的环境污染问题，大胆地畅想一种环境友好型的首饰生产方式。她将植物的生长繁殖特性与首饰生产环节与方式相结合，构想出一系列可以运用于首饰生产的植物（机器）。

"出模"：第一步产生的原型放在它的分叉上，卷云边缘的黏性黏液有助于截留模型。同时，植物顶部圆形果实产生的白色厚树液将通过叶脉填充模型。在那之后，我们得到了白色的首饰模型。（图3-2-35）"铸造"：在三个分支的末端装有带有负形状的模具夹。它们可以像金星捕蝇器的诱捕结构一样打开和关闭。当口香糖从上面的树枝上滴下来时，模具中就会充满口香糖，然后它会突然关闭。几秒钟后，按下的最终型号就退出了。（图3-2-36）"电镀"（表面处理）：不同于工厂生产污染极大的电镀环节，这里是通过植物溶液裹住产品得到保护层。如果我们把"铸造出"的产品浸泡在里面，它会被一层金属光泽的保护膜覆盖，并得到所需的产品色泽。（图3-2-37）

图3-2-31 李安琪 《21世纪玉组佩》系列 挂饰 玉片

图3-2-32 李安琪《甜蜜的拥抱》和田玉、棒棒糖塑料棒、透明胶带

图3-2-33　Susan Cohen　《关于安全未来的思考》

图3-2-34　Susan cohen 《生存习惯》头饰

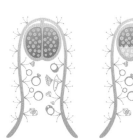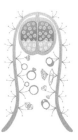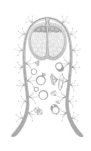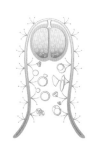
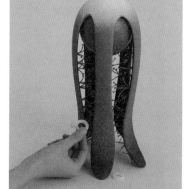

图3-2-35　申薇笑　《植物化珠宝生产》"出模"环节

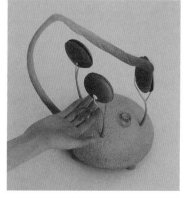

图3-2-36　申薇笑　《植物化珠宝生产》"铸造"环节

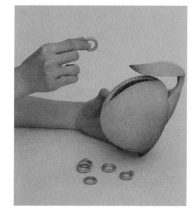

图3-2-37　申薇笑　《植物化珠宝生产》"电镀"环节

第二节　作为艺术表达的首饰作品

图3-2-38 陈冠男 机器化珍珠培植装置

图3-2-39 陈冠男 《牡蛎》首饰投入钥匙和五角星后完全由机器生产的"珍珠"

图3-2-40 陈冠男 《牡蛎》项饰（现成品、综合材料）

（3）流水线化的私人定制——陈冠男作品

陈冠男制造了一个生产流程，它的原理是人们投入任何具有纪念意义的生活物件，就可以通过机器"培植"成不同形状的珍珠。自养殖珍珠出现后，人们为了追求效率和批量生产，向珍珠蚌内植入不同种类的珍珠核，刺激其快速分泌珍珠质，短时间成型，还可以控制珍珠颜色，实现快餐式的珍珠产业链条。陈冠男通过对湖南省常德市的珍珠养殖基地的调研，参与珠农们开蚌取珠的一系列过程，分析整套培育过程，模拟珍珠质在蚌体内的分泌和包裹状态，构建了一套纯粹的人工操作下的生产模型，以完全的机器化方式生产一颗珍珠。第二是结合手做的方式确定制作方法是裹粉加打磨重复进行，参与者通过投入各类个物件进入机器，经过流水线式的机械加工，之后进行反复的打磨再包裹，呈现出不同的珍珠状体态效果。把人们最私密最具有纪念性的物件珍珠化，比如戒指、药丸、钥匙等，生成每个人独一无二的珍珠首饰。（图3-2-38至图3-2-40）

第三节　以首饰为话题的艺术实验

在过去的几十年，首饰艺术创作已经由最初以打破既有范式为目的，逐渐发展出丰富的实验性创作实践，形成了持续的对于"首饰"作为话题的思辨脉络：对历史与社会沿袭下来的首饰原本属性的审视和批判，它包含首饰的佩戴属性、象征属性、制作属性等以及它与身体及外界的关系的研究。

所以这类作品是艺术家们运用当代艺术的视角和方法，以跨学科的方式如社会学研究、人类学研究、视觉文化等研究方法进行艺术实践，形成了与首饰有关的观念艺术作品。尤其有意思的地方在它于混合了原有各个领域（工艺、艺术、设计）并由此产生的矛盾性：它属于非功能性的物件，然而跟首饰或身体又是密切关联的，对它的解读镇定自若地处于社会化和个人化的状态之间。这样的作品应当归类到"艺术"或是"首饰"的固有范畴并不是最重要的问题，而是如何使得这门实践产出最混合和奇异的创造。

1. 对首饰佩戴属性的思辨

佩戴性也就是首饰的功能属性，长久以来人们以身体的佩戴部位作为首饰的分类依据，如戒指、项链、耳环等穿戴的类别。佩戴属性能够让一件物品成为首饰，但是也是区别首饰作为应用艺术（工艺美术）和纯艺术的最大鸿沟，艺术家们在这个交界处展开了诸多思考和实践。

（1）到底是谁戴着谁？——贺晶
设计师贺晶的创作常常对首饰提出疑问，什么是首饰？它能做什么？她把那些功能性的物品与首饰作比较，后者恰恰是一个高度依靠审美去生产的物品，并尝试用基于功能的方式去做首饰，具体选择了胸针里的"针"来进行实践。让"针"不仅仅是一个连接物体和人的小部件，它也是一个胸针结构上的重要支撑，或者它是做一个胸针的理由——这也是胸针本身的"功能"。

《潜在的针》中，贺晶把胸针的"针"看作是连接人与物的中介，她试图在日常用品中寻找到可以与人相连接的"针"——在人和物的连接中，佩戴是一个动作、一个姿态，它还引发人与物一同构成一个图像。佩戴一词还带来了力量上的权利问题，"针"作为一种连接方式，它并不规定哪一方是佩戴者、哪一方是首饰。于是在《潜在的针》中，艺术家选择比自己力量更大的物品——一棵树，通过由树枝切削成的针与身体连接在一起。在这个画面里，谁是谁的首饰，谁在佩戴谁呢？（图3-3-1）

图3-3-1　贺晶《潜在的胸针》行为、影像

图3-3-2　贺晶　《胸针》胸针　摄影：DAN_NAD　　图3-3-3　贺晶　《胸针》胸针　摄影：DAN_NAD

作品《胸针》是对胸针与现成品结构的一次实践。去了解"有用／无用"之间的可能性，"功能／审美"之间的关联及其中的个人体验。这组作品源于贺晶一直以来对工业产品里形态和功能关系的兴趣，比如形态是如何基于功能而产生的，而不仅仅是基于审美。贺晶试图探讨这些物品是怎么运作的，人们是如何使用它们的，或者如何错误使用它们的。（图3-3-2、图3-3-3）

（2）为天地穿戴——李安琪、Liesbet Bussche

"我自认是一个流浪者，以天为盖，以地为席。对于一个朝生暮死的流浪者来说，首饰是什么？如何定义首饰的尺寸和佩戴它的方式？天和地都是这个流浪者的珍宝，那是他唯一的首饰。"

李安琪通过拍照，记录了一枚普通的银戒指被锤打延展，最后变为一个细银丝圈的过程。她用黑白银盐相纸来冲印这些照片。完成这个记录以后，再将这个细圈熔化并且重新锻造回一枚普通的戒指。由于在锻造时会损失一部分银料，因此戒圈会比原来的小。试想在锻造时失去的银量，和她在银盐照片里得到的银的量，我们愿意相信是失去的那部分银显影了镜头里的大世界。（图3-3-4、图3-3-5）

Liesbet Bussche的作品"De Parel-Ketting（珍珠项链）"是通过地图软件找到带"珍珠"单词的地点（店铺、公司、路牌、工厂等），然后驱车沿环线行驶，途经所有"珍珠"标牌，依次拍摄之后回到起点，地图软件记录下完整的路径之后，最终得到这条巨型珍珠项链。作者还将拍到的照片做成明信片在个人网站售卖，并附上行走路线，为他人提供指引，沿路线得到那条属于自己珍珠项链。（图3-3-6）Liesbet Bussche的许多作品都是围绕城市和生活环境的维度进行创作的，她的另一个系列"Urban Jewellery（城市首饰）"是将城市中随处可见的日常设施稍加改动，变成散落在路旁的巨大首饰。（图3-3-7至图3-3-9）

图3-3-4　李安琪　《无戒》银盐照片 2013

图3-3-5　李安琪　《无戒》银盐照片、银戒指 2013

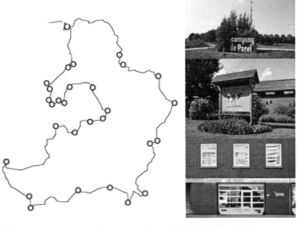

图3-3-6　Liesbet Bussche《"珍珠项链"》2013

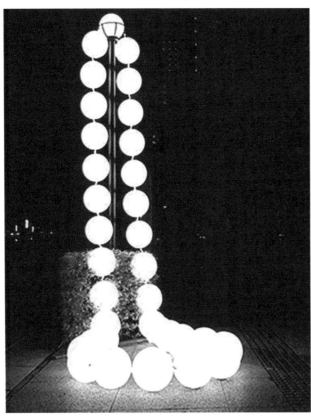

图3-3-7　Liesbet Bussche《城市首饰》1

图3-3-8　Liesbet Bussche《城市首饰》2

图3-3-9　Liesbet Bussche《城市首饰》3

（3）佩戴的内在——Hilde de Decker

"20年后婚戒长出了个西红柿"——这是Hilde De Decker的艺术项目《致果农和园艺师》的起点。这是想象对现实的挑衅，或反之亦然。但这需要集中工作3到4个月，建造并刷白温室，选择并培育植物。刨土，撒种，耙土，通风，浇水，施肥，翻阅大量资料学习的如何种茄子，西红柿如何防病治病，如何搭架绑蔓等。向专业的园艺师请教，吸取成功的经验，克服意料之外的困难（比如小绿皮南瓜被不知哪来的小虫吃掉，甜瓜移植不适应新的土壤，西红柿被过烈的阳光灼坏等），逐渐熟悉它们的脾气和性格，让植物生长成你期待的样子。（图3-3-10、图3-3-11）

然后就是这些首饰了，在使用金和银之前艺术家先用自己的小纪念品和小玩意儿来做实验，测试效果。在植物蔬菜上打孔，用金片或银线，这些植物会如何跟贵重金属发生反应？最终这些首饰生长进了这些植物中，还是事与愿违？在恰当的时机，把首饰套在娇嫩的小果实上。每天每周悉心调整，引导首饰和果实之间的生长状态。这是在跟着植物的节奏，每周都在创造新的首饰。需要数周的实践来收获这些宝贝。也花巨大的精力通过各种渠道咨询如何保存这些果实（如博物馆、院校、实验室、农业机构和互联网）。有意思的是，最传统的保存办法能获得最好的效果。（图3-3-12）

118

第三章 当代首饰赏析

图3-3-10 Hilde De Decker《致果农和园艺师》1

图3-3-11 Hilde De Decker《致果农和园艺师》2

图3-3-12 Hilde De Decker《致果农和园艺师》罐头包装

2．对首饰象征属性的反思

首饰的象征属性是指在历史沿袭和沉淀下来的首饰作为特定符号，用来指涉崇拜、装饰、身份、地位、情感等象征作用。无论是作为私人化的护身符或是大众纪念品，还是政治或社会群体的共同象征，首饰承载了错综复杂的历史意涵，在不同的社会情境下有着不同的象征和寓意。这类作品中我们能看到艺术家们对传统观念中首饰的价值展开批判性的思考与实践。

（1）首饰的角色——Suska Mackert
Suska是一位首饰艺术家,其作品集中关注以首饰为话题的相关思考和深入研究。她的大部分作品都是关于将这些思考和研究进行艺术性的转化。

从1997年开始她便很少创作"实际的"、可佩戴的首饰。她对首饰作为一种现象在我们的生活中所扮演的角色更感兴趣。她研究首饰的意义，并试图探索首饰概念的界限。在这样的研究语境里，她认为首饰不可能被视作孤立的自给自足的领域，而是能够折射出人

类社交心理的基础机制指示器。

《报纸拼贴》系列作品是艺术家将德国报纸上的照片收集起来，按时间顺序排列，随着时间的推移，照片的数量也慢慢增多，形成了丰富的资源。这些照片显示出：一种手势、一种姿势、呈现出某种特点和力量。这也是一种分析的视角：在政客要员的报纸片段中，Suska用手绘来润色照片上他们的装饰品，而非数字化处理，人们一眼就可以看出来，她不停地在收集关于仪式和珠宝的信息。比如罗马教皇去世，他的戒指随即被毁掉，这点引起suska的好奇心，便在网上终于找到有关该信息的一篇小文章，并关于这点展开新的工作。（图3-3-13至图3-3-15）

Suska的作品并非对传统首饰的概念和其功能性置之不理，但也不是视其为理所应当。而是将首饰错综复杂的传统作为一个起点，并带着距离来重新审视它们。她创作中的物件、文本、装置体现了她自己的视角，即远离对于单件珠宝首饰的沉迷和喜爱，转而将首饰作为一个整体的文化语境中的反映。具体来说她

图3-3-13　Suska Mackert《报纸拼贴》系列1

图3-3-14　Suska Mackert《报纸拼贴》系列2

创作的关注点常常在饰物以其模糊隐秘的状态在官方庆典和社会事件中的角色。她也研究首饰作为私人的护身符和纪念品等其他方面的属性。在她的作品中，创作出一件首饰绝不是其最终目的。而是以首饰这一途径来试图了解和引导我们所处的世界。（图3-3-16、图3-3-17）

在工作过程中，Suska认为技术是非常重要的，不然作品就没有生命。很多人认为Suska是一个观念艺术家，在某些方面确实是这样，因为是以观念引导创作。但在另一方面来看，她又不仅仅是一位观念艺术家，在她的作品中可以看到大量的技术和工艺作为支撑。Suska并不刻意区分自己的作品是工艺的还是艺术的而是将首饰视作一个源头，从这个源头延伸出的创作总有一种自治的意义，尽管它所联系的是那些不自治的东西。参观Suska展览的人往往会感到困惑，因为她所做的创作看起来与首饰领域离得太远。而Suska说："首饰对我来说太陌生了，我想要更多地了解它、竭尽全力接近它，即便在人们眼中我所做的与首饰相去甚远；有些人认为我是愤世嫉俗的，正相反，我享受首饰、制作工艺及其带来的力量。"

图3-3-15　Suska Mackert《报纸拼贴》局部3

120

图3-3-16　Suska Mackert《凯特》物品、纸张

图3-3-17　Suska Mackert《钻石》物品、纸

（2）虚荣的附属物——Benjamin Lignel

法国首饰艺术家Benjamin Lignel的作品《替代物》中的物品自然成为身体的附加物，起到像替代品的作用。像替代品，并不是完全的复制，而只是达到肢体希望改进到的状态。它们从未比生理学的结构更优越，也从来谈不上精巧美丽。像替代品那样，它们只是暂时的存在，我们只会期望一旦我们身体恢复，它们便赶紧被摘除。像替代品一样，如果它们不严格地复制身体的局部，则毫无意义，而正是因为其多余，它们又是非常有意义的。简而言之，它们定义了这类物件的特征——不够精美，不受欢迎并且多余，这使得它们非常难以被人接受。然而尽管它们是如此地不被人接受，但这些事物能带来变化，也是艺术家创作首饰的理由。（图3-3-18、图3-3-19）

图3-3-18　Benjamin Lignel《替代物》物件 不锈钢、锡

图3-3-19　Benjamin Lignel《"额…但我的是金的"》物件，足金、标本鸟

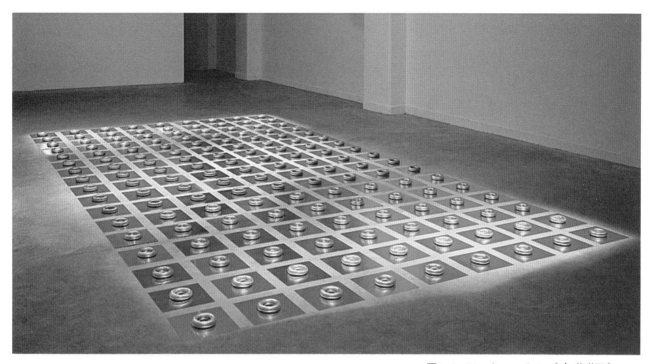

图3-3-20　Susan Cohn《金甜甜圈》1994

第三节　以首饰为话题的艺术实验

（3）价值的真相——Susan Cohn

1994年，澳大利亚首饰艺术家Susan Cohn制作了153个外表相同的金甜甜圈手镯，被分为若干组。有些是黄金阳极化的手镯，看起来像黄金，但实际上是铝的材质，有些则是其他材质，模仿黄金质感。所有的金色手镯都揉杂对黄金应该是什么样子的期望，仅有一个真正纯金的手镯放入了这些金手镯的阵列中（图3-3-20）。在艺术家奢华的极简风格中，她提出了关于真实、原始和虚假的问题以及超越物质性而建构精神价值的问题，包含着欲望、情感和社会意义。

3. 对首饰制作属性的重新审视

（1）误差带来的真实——吴冕

首饰的制作属性是指将首饰具体的功能、它所表达的各种主题和题材（也就是内容）都去掉之后留下来的关乎首饰本体的材料、工艺、制作等要素，是区别于架上绘画、装置、雕塑、影像多媒体等其他艺术语言的部分。

吴冕的作品《从一枚戒指开始》从传统首饰批量化生产的语境出发，重新审视这一过程中人们对成品与残次品的判断标准以及工业化赋予我们的精确控制力。商品首饰批量化生产是通过冲蜡机和硅胶模具批量生产出标准化的蜡版，再将蜡版铸造成金属。这个过程中由于各种误差，会产生大量残次的蜡版，它们会被融化成液体后重新冲蜡，直到变成完美标准的产品。吴冕借用充蜡批量化生产的方式，提供一个新的视角去看待这些残次与意外、失控与偶然。

第一部分：用母体模具完成100次冲蜡，客观保留第一次到最后一次的结果，铸造成金属，加工完成。不用传统规则做出好与坏、标准与残次、必然与偶然的判断，标准的结果在这100次冲蜡中也可被看做一次意外。（图3-3-21）

第二部分：从第一部分的100个结果中随机选出5个作为起点，将它们压版制成模具，再次冲蜡，将新一轮的结果铸造成金属后制成模具，再冲蜡，循环十次。机器创造的误差逐渐吞噬标准的母体，瓦解人为精确的控制，所谓的错误成为首饰本身。（图3-3-22）

第三部分：重构第二部分五组实验的最后一次结果，将这个全新的结果制成模具冲蜡，铸造成金属，回归到可佩戴性首饰。机器造物的结果加入了主观创造，最后又回归到机器生产的方式，变得不可控制。新的误差和意外参与进来，成了全新的生命。（图3-3-23）

在另一系列作品《金首饰》中，吴冕试图用首饰艺术的语言去和中国当下最真实最普遍的商品化首饰进行一次对话，比方说"中国大妈"抢购的金首饰。当我来到这些金首饰被生产出来的工厂，工人们小心翼翼地回收着破旧不堪却竟能提炼出黄金的地毯、手套、工服和内衣，它们与被生产的、被抢购的金首饰毫无差别，都是承载黄金价值的容器。无论是在加工厂里还是在首饰盒里，无论是严密的安检还是无所不用其极的回收，无论是做成了戒指还是手镯，无论是雕花还是刻字，在这个语境中，人们做的所有事只关于一件事，那就是黄金本身。（图3-3-24至图3-3-28）

（2）流水线的非流程化——刘潇然

在当下大规模工业化的首饰生产环境下，生产工艺条件和流程是固定的，每一个生产环节都是一个独立的生产部门，一个一个工艺环节模块化的链接成了整个生产流水线，由此生产的首饰也几乎是千篇一律的。刘潇然的作品《错位》对这种固化的生产流程和规则进行了一系列的提问：首饰的生产必须严格遵循按这些流程吗？颠倒打乱这样的流程会有什么样的状况？刘潇然对正常的生产流程进行改变，如铸造、执模、抛光、镶嵌以及生产期间的典型视觉元素"水口"进行重新处理，创造出不同的视觉特征。又例如她用水口连接一对结婚戒指，这意味着这两个戒指曾经是一起生产的（图3-3-29）。这项艺术作品试图从另一个角度探讨珠宝设计与珠宝流水线化生产之间的关系。（图3-3-30）

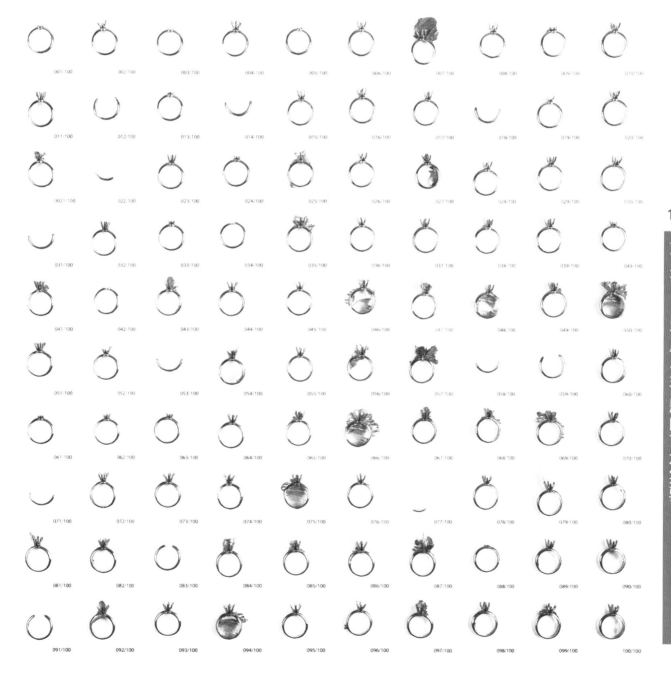

图3-3-21　吴冕《从一枚戒指开始》第一部分

图3-3-22　吴冕《从一枚戒指开始》第二部分

图3-3-23　吴冕《从一枚戒指开始》第三部分

第三章　当代首饰赏析

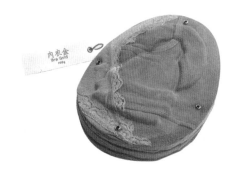

图3-3-24　吴冕《金吊坠_首饰工厂女工使用过的内衣含金0.07克》

图3-3-25　吴冕《内衣含金量1克》

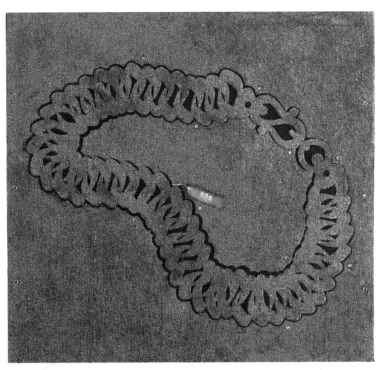

图3-3-26　吴冕《金项链_首饰工厂使用过的地毯含金1.65克》

图3-3-27　吴冕《金项链_首饰工厂使用过的地毯含金2.75克》

图3-3-28　吴冕《金戒指_两枚含金量相同的戒指》

图3-3-29　刘潇然 《错位》系列　对戒　2017年

图3-3-30　刘潇然 《错位》系列　戒指（银、铜）
2017年

4．从首饰到身体的实验

首饰最直接的载体是身体的各个部分，自从对首饰的思辨性创作实践开始，艺术家们对物件与身体之间关系的探讨就从未停止过，身体也是当代艺术语境下探讨的重要问题。它们是各自独立的还是相互包含的？是相互补充、相互隐喻和生成，还是谁主宰着谁？这些作品没有提供标准答案，却由此产生了丰富的体验和探索。

（1）肌肤之下的珍贵——Peter Skubic、Tiffany Parbs

瑞士首饰艺术家Peter Skubic1975年的作品《皮肤下的首饰》，是一次关于佩戴首饰的行为艺术尝试。艺术家通过手术，将一件小首饰植入自己的腿部，并用X光片记录下来。而后在1982年5月，过去整整七年之久，将其取出，形成一个完整的从"佩戴"到"取下"的过程。在身体与物件如此亲密接触的体验中，重新思考首饰与身体的关系。（图3-3-31）

澳大利亚艺术家Tiffany Parbs的创作实践专注于探索身体的表层和运动的状态，并从中暗示其内天然的特征，内在的能力和局限。物件和身体相互变迁的关系，自然老化的过程和身体随着时间逐渐同化外来的影响（如佩戴的饰品首饰），这些现象让她非常感兴趣，其作品意图在于使外来物介入到私密的空间，鼓励观者重新考虑和评价物品在跟身体发生关系后对其语境产生的影响和变化。（图3-3-32、图3-3-33）

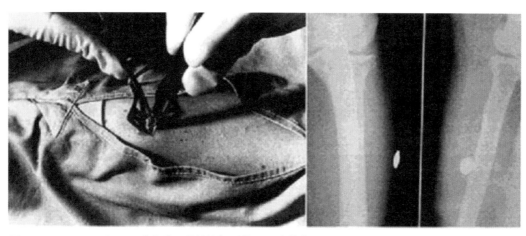

图3-3-31 Peter Skubic《皮肤下的首饰》影像、行为艺术 1975年

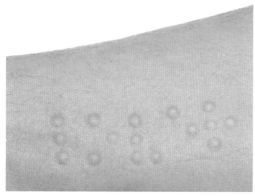

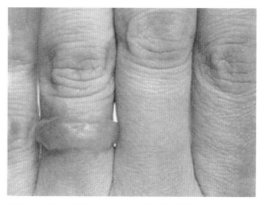

图3-3-32 Tiffany Parbs《发炎》（圆点盲文意思为"love"）

图3-3-33 Tiffany Parbs《水泡戒指》

（2）值得玩味的形式——Otto Künzli

德国首饰艺术家Otto Künzli 1976年带着一盒绳子、黏胶、背胶贴纸、纸模型到慕尼黑中央火车站的照相亭许多次，拍照寻找人的躯干和形式的元素如点、线、形状之间的不同关系，思考外在形式与身体的关系，以此为这个作品的起点。摄影是Otto创作时必须考虑的一部分，无论是以独立的照片形式呈现作为作品本身，或是对于一个思路的研究发展过程，是实验行为的记录，都会明确作出区分和界定。（图3-3-34）

（3）肉身的隐喻——Iris Eichenberg

德国首饰艺术家Iris Eichenberg的创作玩味于感官之间的关联性，如何通过颜色唤起味觉？如何通过材料的处理产生声响的状态？她的创作以不同的方式关联到人的身体，将人的身体视作历史、社会、政治的组成部分，而不仅仅是生理上的身体。并将这些要素反映在其作品中，如将身体和餐具的形态进行融合，研究这两者如何被我们创造的同时也创造了我们自身。

Iris Eichenberg的这一系列作品：首饰，器皿，装置，有意识地通过有限的材料和颜色上的选择组合而成。这种单色的作品通过现成品或是矛盾冲突的造型元素进行组合，建构它们之间的张力。在有限的空间里用单一的材料斟酌是一种挑战，不为了材料结合之间的摩擦，而是为了材料与形式更好地共生。（图3-3-35至图3-3-37）

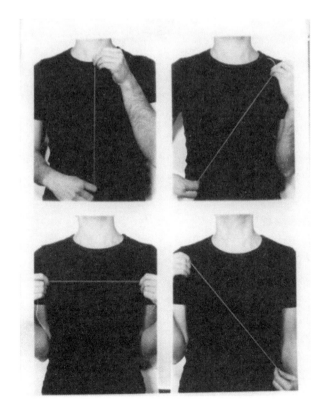

图3-3-34　Otto Künzli 身体实验

图3-3-35 《粉红多年以后》系列 2

图3-3-36 《粉红多年以后》系列

图3-3-37 装置《感官地图》局部

参考文献

[1] [德]格罗塞，艺术的起源 [M]．蔡慕晖译，商务印书馆，2005

[2] 杨之水，中国古代金银首饰 [M]．北京：故宫出版社，2014

[3] [荷] Liesbeth Den Besten, *on jewellery* [M]．Arnoldsche Verlagsanstalt, 2011

[4] [法]罗兰·巴特，From Gemstone to Jewellery [J]．Jardin des Arts《园林艺术》1966年 第77期

[5] 刘骁、李普曼 编著，当代首饰设计：灵感与表达的奇思妙想 [M]．北京：中国青年出版社，2014

[6] 张蓓莉 主编，系统宝石学（第二版）[M]．北京：地质出版社，2014

[7] 徐禹编著，首饰雕蜡技法 [M]．北京：中国轻工业出版社，2018

[8] 王昶，袁军平 编著，首饰制作工艺学 [M]．北京：中国地质大学出版社，2009

[9] [美]琳达·达尔蒂，珐琅艺术 [M]．王磊 译，上海：上海科学技术出版社，2015

[10] [英]菲利帕·梅里曼，金子——一部社会史 [M]．安静 译，北京：北京大学出版社，2016

[11] [英]苏珊·拉·尼斯，银子——一部生活史 [M]．汪瑞 译，北京：北京大学出版社，2016

[12] 滕菲，材料新视觉 [M]．长沙：湖南美术出版社，2000

[13] 滕菲，材料艺术设计 [M]．青岛：青岛出版社，1999

[14] 周至禹，过渡——从自然形态到抽象形态 [M]．长沙：湖南美术出版社，2000

[15] 李砚祖编著，造物之美 [M]．北京：中国人民大学出版社，2003

[16] [美]鲁道夫·阿恩海姆，艺术与视知觉 [M]．滕守尧 译，成都：四川美术出版社，1998

[17] [英]威廉·塔克，雕塑的语言 [M]．徐升 译，北京：中国民族摄影艺术出版社，2017

[18] 吕胜中，造型原本 [M]．北京：北京大学出版社，2009

[19] [美]苏珊·朗格，情感与形式 [M]．刘大基、傅志强 译，北京：中国社会科学出版社，1986

[20] [美]阿恩海姆，艺术与视知觉 [M]．滕守尧、朱疆源 译，成都：四川人民出版社，1998

[21] [法]丹纳，艺术哲学 [M]．傅雷 译，北京：北京大学出版社，2017

[22] [俄]康定斯基，康定斯基论点线面 [M]．罗世平，魏大海，辛丽 译，北京：中国人民大学出版社，2003

[23] 顾丞峰，西方美术理论教程 [M]．南京：江苏凤凰美术出版社，2017

[24] [美]乔迅，魅感的表面——明清的好玩之物 [M]．刘芝华、方慧 译，北京：中央编译出版社，2017

[25] [英]埃米·登普西，风格、学派和运动——西方现代艺术基础百科 [M]．巴竹师 译，北京：中国建筑工业出版社，2017

［26］[法]蒂费纳·萨莫瓦约，互文性研究［M］. 邵炜 译，天津：天津人民出版社，2003

［27］[英]安·格雷，文化研究：民族志方法与生活文化［M］. 许梦云 译，重庆：重庆大学出版社，2009

［28］[美]艾伦·雷普克，如何进行跨学科研究［M］. 北京：北京大学出版社，2016

［29］[瑞士]德·索绪尔，普通语言学教程［M］. 北京：商务印书馆，2019

［30］[英]培根，新工具［M］. 北京：商务印书馆，2016

［31］[德]马克斯·韦伯，社会科学方法论［M］. 北京：商务印书馆，2013

［32］[美]马泰·卡林内斯库，现代性的五副面孔［M］. 北京：译林出版社，2015

［33］河清，现代与后现代［M］. 杭州：中国美术学院出版社，2004

［34］[美]苏珊·桑塔格，论摄影［M］. 黄灿然 译，上海：上海译文出版社，2012

［35］[瑞典]托马斯迦德，品牌化思维［M］. 北京：中国友谊出版公司，2018

［36］[美]艾·里斯、杰克·特劳特，定位［M］. 北京：机械工业出版社，2012

［37］[美]大卫·奥格威，一个广告人的自白［M］. 北京：中信出版社，2015

学习网站

［1］artjewelryforum.org
艺术珠宝论坛（AJF）是一个非营利国际组织的官网，通过教育、演讲、出版物、赠款和奖项，引领当代首饰艺术领域发展。

［2］klimt02.net
国际艺术首饰资讯与交流平台。

［3］https://hedendaagsesieraden.nl/
一家荷兰的网站，在这里，您可以找到有关首饰、设计师、画廊、教育、时事、奖项、出版物、展览、博物馆等信息以及关于当代首饰的最新信息和百科全书式的知识。

［4］www.current-obsession.com
首饰杂志和网络平台，由于其实验性的方法和非传统的风格，提供了展示和体验珠宝的新方式。与卓越的珠宝设计师和艺术家合作，共同为知名品牌和文化机构开发策展项目和活动。

［5］www.munichjewelleryweek.com
慕尼黑首饰周官网，展示了来自世界各地的知名设计师和未来设计师的前卫现代珠宝。是迄今为止当代珠宝日历上最重要的活动，是一个独特的文化现象，它为当代珠宝领域定下了步伐。

［6］https://www.indesignlive.com
是InDesign杂志的门户网站。InDesign是太平洋地区建筑和设计行业有关设计师、建筑师、资源和项目的资讯平台。